日本海軍機塗装図
ハンドブック〈零戦篇〉

Imperial Japanese Navy aircraft paint scheme Handbook : Zero Fighter

イラスト／二宮茂幸

大日本絵画 dainippon-kaiga

はじめに

世界に先駆けて航空母艦を中核とした機動部隊を編成し、大洋での航空戦に備えた装備を調えていた大日本帝国海軍。その中でも、実戦での活躍、知名度において抜群の存在が零式艦上戦闘機だろう。高い運動性能を持ち、縦横の旋回性能において他国の戦闘機を圧倒。さらに敵艦隊上空まで味方の攻撃隊を護衛し、味方艦隊の防空を主任務とする艦上戦闘機は滞空時間が長ければ長いほど望ましく、それにおいても零戦は大きなアドバンテージを持っていた。片道500浬以上を飛行できるその長大な航続距離は作戦の幅を大きく広げ、太平洋戦争の全期間において日本軍を代表する戦闘機として活躍したのである。

そんな零戦だが、その運用期間の長さと運用部隊の幅広さから、数多くの塗装パターンが存在する。そもそも機体を運用した部隊だけでも空母に搭載される空母飛行機隊、日本本土の沿岸に建設された航空基地に配備された基地航空隊、戦中に多数編成された番号冠称航空隊、搭乗員訓練を担当した練習航空隊など多種にわたり、それぞれに異なった塗装を機体に施していた。また、同じ海軍の機体である以上、機体各部の塗装には厳密なルールが存在したが、それもまた時とともに変遷していった。一見すると大戦劈頭のいわゆる「飴色」の塗装色と大戦後半の濃緑色の塗装しか存在しないように見える零戦だが、そのスキームは意外なほど細かいバリエーションを持っているのである。

本書では、このように異なる塗装色や部隊ごとに細かく異なる機体番号を持った零戦の現在判明している塗装パターンを可能な限り特定し、側面図の形で多数収録した。機体自体の構造やエースパイロットたちの活躍、大局的な戦史や機体運用などと比較して零戦の塗装パターンの詳細は顧みられることが少なかったため、図案化されるのが本邦初となる機体も数多い。さらに巻頭では零戦の各部塗装の時期による変遷を紹介し、機体に描かれた帯や上下面の塗り分けなど年代によって異なる塗装ルールの変化を追っている。

ただし、これらの塗装図には最新の研究成果を盛り込んだとはいえまだ未解明の部分も多く、解釈のひとつであることをお断りしておく。零戦そのもののファンはもとより、戦史や日本海軍自体の研究、さらには飛行機模型の製作など、幅広い用途に本書をお役立ていただければ幸いである。

目次

1.零戦基本塗装の変遷

各航空隊区分ごとの具体的な塗装に触れる前に、まず本項では零戦の基本塗装について解説する。基本的な国籍マークの位置、敵味方識別帯などのルールは共通だった零戦。だが、それにも時期ごとの差がある。ここでは、零戦制式採用以前の海軍機から海軍末期までの塗装の変遷ならびに指揮官機など特別な塗装パターンを紹介する

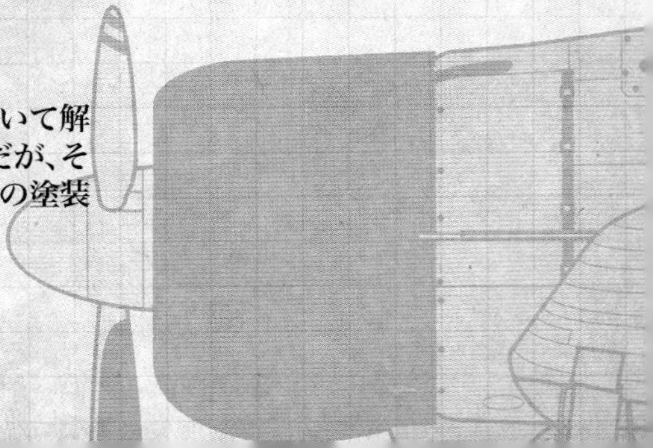

Imperial Japanese Navy aircraft paint scheme Handbook : Zero Fighter

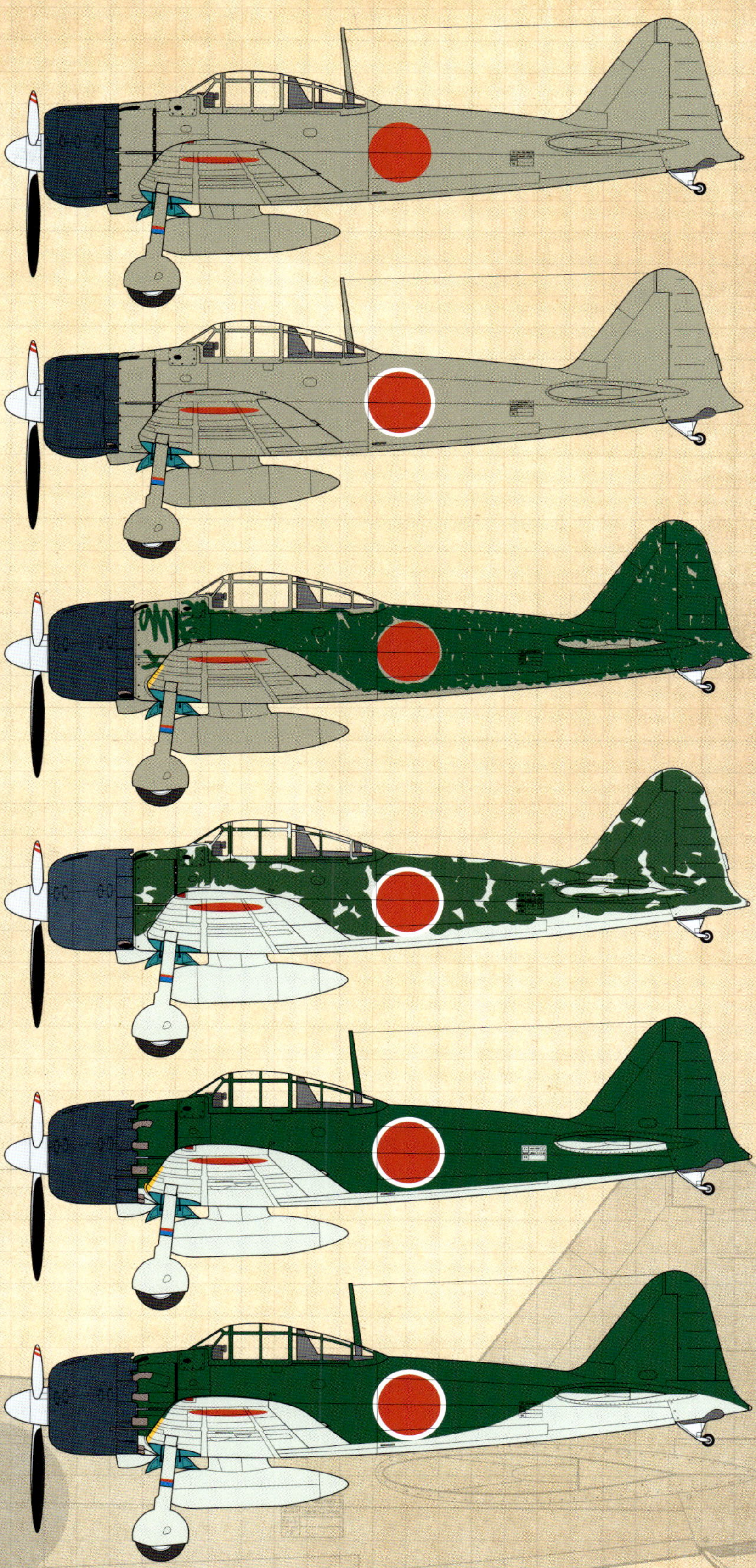

上海の公大基地に進出した海軍航空隊の海鷲たち。茶色と濃緑色の雲形迷彩を施している。尾翼の部隊記号が「S」とあるのは12空、「T」とあるのは13空の所属機である。

1.零戦出現以前の海軍戦闘機の塗装

機体保護用の塗装と、地上での秘匿性を重視した迷彩塗装

第1次世界大戦のヨーロッパで、航空機が第1線の近代兵器として活躍する様子を見聞した日本海軍は、従来から装備していた水上機に加え、航空母艦搭載用の「艦上機」という機種に大きな関心を払うようになった。艦上機は海の飛行場たる空母飛行甲板の上を車輪式降着装置でもって離発着することができる「陸上機」のことだが、日本海軍では艦上戦闘機と艦上攻撃機、そして艦上偵察機の3つを柱に国産化の動きをとり、戦闘機については十年式艦上戦闘機、三式艦上戦闘機、九〇式艦上戦闘機、九五式艦上戦闘機として発展していった。これら複葉戦闘機は金属鋼管(あるいは木製モノコック)、羽布張りという構造で、羽布には強度を増すためのドープが塗られ、機体が銀色に輝いていたのが特徴だ。九〇艦戦以降、カウリングは反射除けの防眩のため、黒く塗装されるようになったほか、胴体尾部と垂直、水平尾翼を「保安塗粧」と称して赤く塗るようになった。海軍機の場合、何らかの原因で海上に不時着水した時に尾部を上にして重い機首から先に沈んでいくので目印になるようにという配慮からである。

その後、日本海軍の艦上戦闘機は三菱の開発した九六式艦上戦闘機の登場をみる。陸上機と異なり、空母に搭載されて長期間海風にさらされる艦上機の使用環境は過酷であり、初の全金属製単葉機である九六艦戦の塩害対策(つまり錆対策)はそれまでの機体に対してのものより厳格なものが要求された。九六艦戦の材質はジュラルミンだが地肌のままではなく、やはり銀色の塗料を塗って錆への対策をしている。だから、陸軍機のように金属外板の材質の違いで、色が互い違いになるなどということはない。錆止めと金属への塗料の食いつきを良くするためのプライマーが、都合3回重ね塗りされたという。

試作機はともかくとして、零戦は最初の生産機(増加試作機)から灰緑色と呼ばれる艶ありの塗料で機体全体を塗装されており、機体内部には青竹色が塗られている。こうした塩害対策ではあったが水上機に対するものとしては充分なものではなく、零戦一一型を水上機にした二式水上戦闘機をしばらく使用したのちに分解整備した際に機体の内側が錆だらけになっていることが判明、対策を一から見直さなければならない状況だった。

さて、昭和12年7月の盧溝橋事件を発端とする第2次上海事変が勃発すると、日本海軍の航空隊もこの戦場へ駆けつけることとなった。大陸の敵地へ乗り込んだ戦闘機隊は九五艦戦を装備(少し遅れ九六艦戦が登場する)する第12航空隊や第13航空隊であったが、これらの機体にはあわただしく大陸の土に似せた茶色と、草木を模した濃緑色がいわゆる雲形パターンに塗装されていた(右ページ図1)。

しかし戦いは長期化し、冬を越す頃には草木も枯れるため、これに合わせて迷彩パターンは茶色一色となる(図2)。さらに春には迷彩の塗色に緑色を復活させるよう指示がなされ、従前のような迷彩パターンとなった(図3)。こうした迷彩塗装の変遷は九六艦戦などの戦闘機に限らず、九六式陸上攻撃機、九六式艦上爆撃機や九六式艦上攻撃機、水上機の九五式水上偵察機など、当時の日本海軍機に共通のものだ(ただし、12空の九六艦戦は迷彩をした例を見ない)。

つまり、こうした海軍機の迷彩は地上での駐機中の対策であったということになる。これはのちの太平洋戦争での海軍機の迷彩導入に通じる理由といえよう。

ところが、昭和13年夏になると戦闘機に限ってはこうした迷彩塗装をやめ、本来の銀塗装に尾翼の赤い保安塗粧という形態に戻っている。完全に中国沿岸部の制空権を握ったことで空中での軽快さを優先させたものである。

昭和15年7月の零戦の登場以降、九六艦戦は第1線を順次退いていくことになるが、それでも少数の機体は第4航空戦隊の空母「龍驤」に搭載され(零戦の数が間に合わなかった)、昭和16年12月の開戦とともに南方進攻作戦に活躍している。その姿は銀翼そのものであった。

1.昭和12年夏

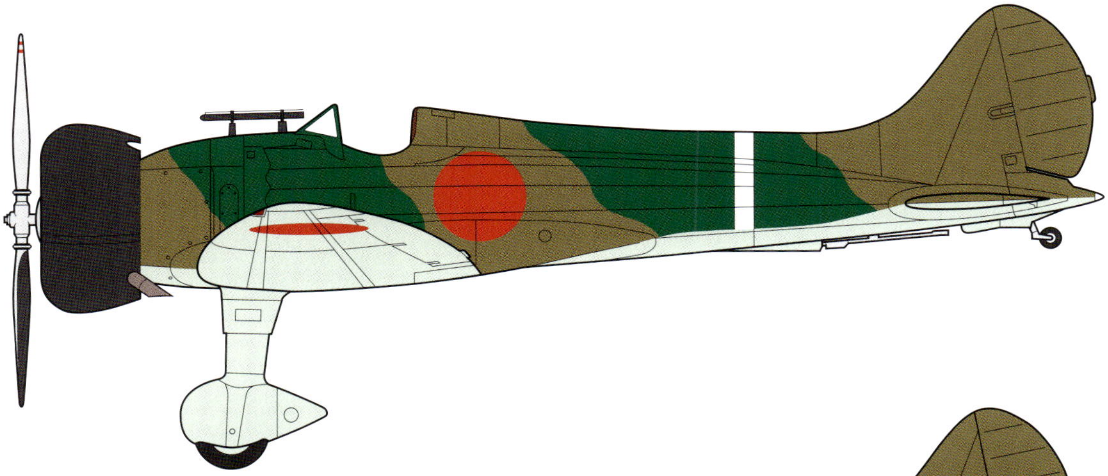

2.昭和12年冬

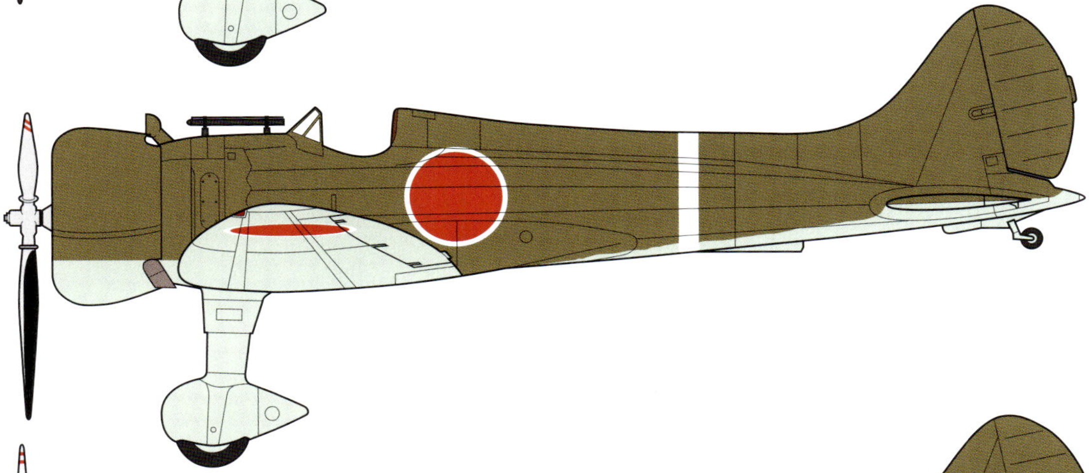

3.昭和13年春

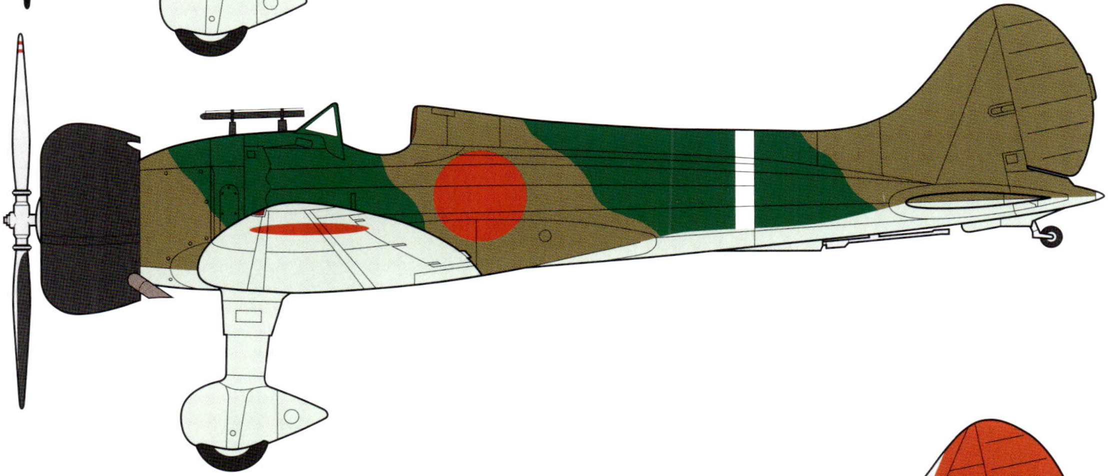

4.昭和13年夏

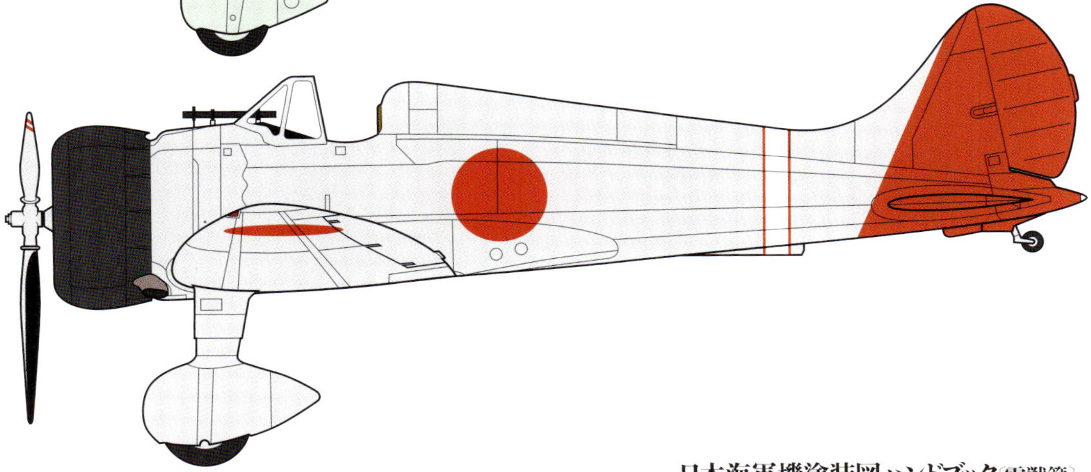

2.初期の零戦の基本塗装

昭和15年7月に制式化された時の零戦の基本塗装はエンジンカウリングを防眩のつや消し黒、機体全体を灰緑色で塗り、保護するというものであった。この機体色の色合いについては戦後しばらくの間は明灰白色という青白い灰色とされてきたが、現存機や改修された残骸に残されていた塗色から現在では黄色みの強い灰色というのが主流になりつつある。

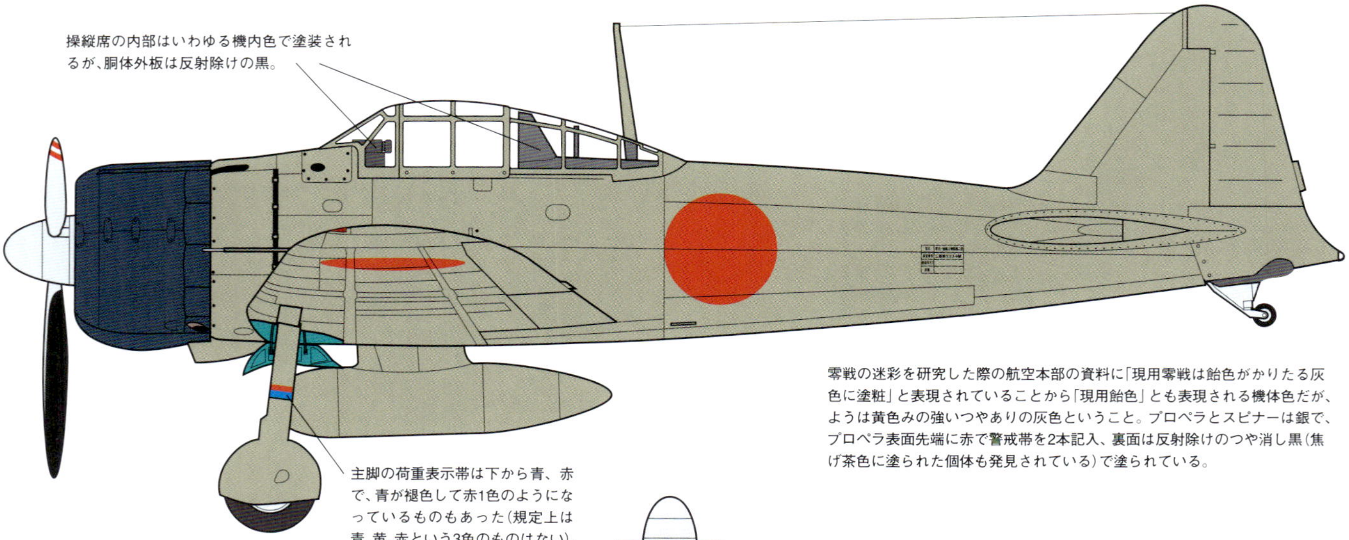

操縦席の内部はいわゆる機内色で塗装されるが、胴体外板は反射除けの黒。

主脚の荷重表示帯は下から青、赤で、青が褪色して赤1色のようになっているものもあった（規定上は青、黄、赤という3色のものはない）。

零戦の迷彩を研究した際の航空本部の資料に「現用零戦は飴色がかりたる灰色に塗粧」と表現されていることから「現用飴色」とも表現される機体色だが、ようは黄色みの強いつやありの灰色ということ。プロペラとスピナーは銀で、プロペラ表面先端に赤で警戒帯を2本記入、裏面は反射除けのつや消し黒（焦げ茶色に塗られた個体も発見されている）で塗られている。

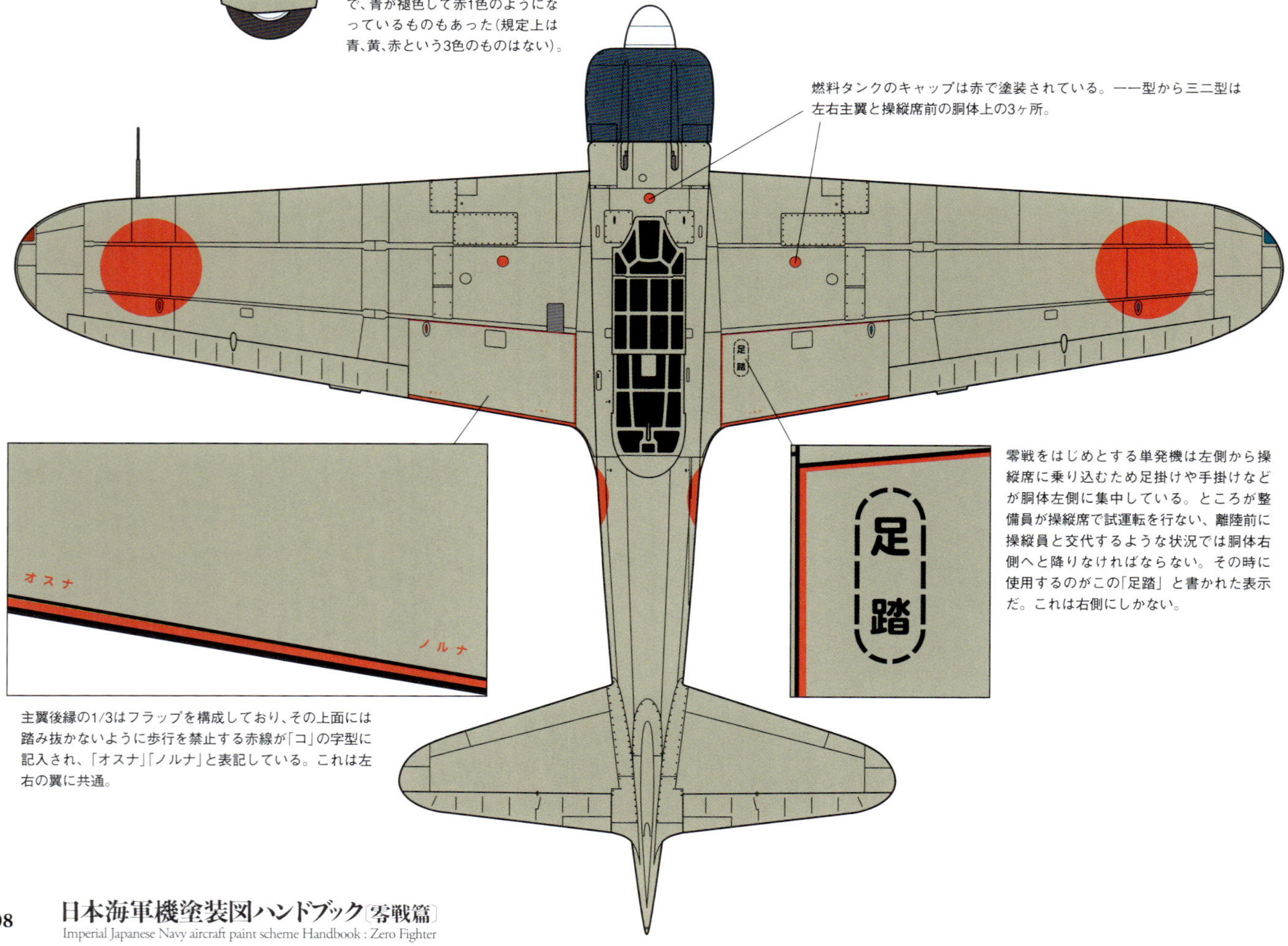

燃料タンクのキャップは赤で塗装されている。一一型から三二型は左右主翼と操縦席前の胴体上の3ヶ所。

主翼後縁の1/3はフラップを構成しており、その上面には踏み抜かないように歩行を禁止する赤線が「コ」の字型に記入され、「オスナ」「ノルナ」と表記している。これは左右の翼に共通。

零戦をはじめとする単発機は左側から操縦席に乗り込むため足掛けや手掛けなどが胴体左側に集中している。ところが整備員が操縦席で試運転を行ない、離陸前に操縦員と交代するような状況では胴体右側へと降りなければならない。その時に使用するのがこの「足踏」と書かれた表示だ。これは右側にしかない。

●胴体日の丸・銘板の記入位置

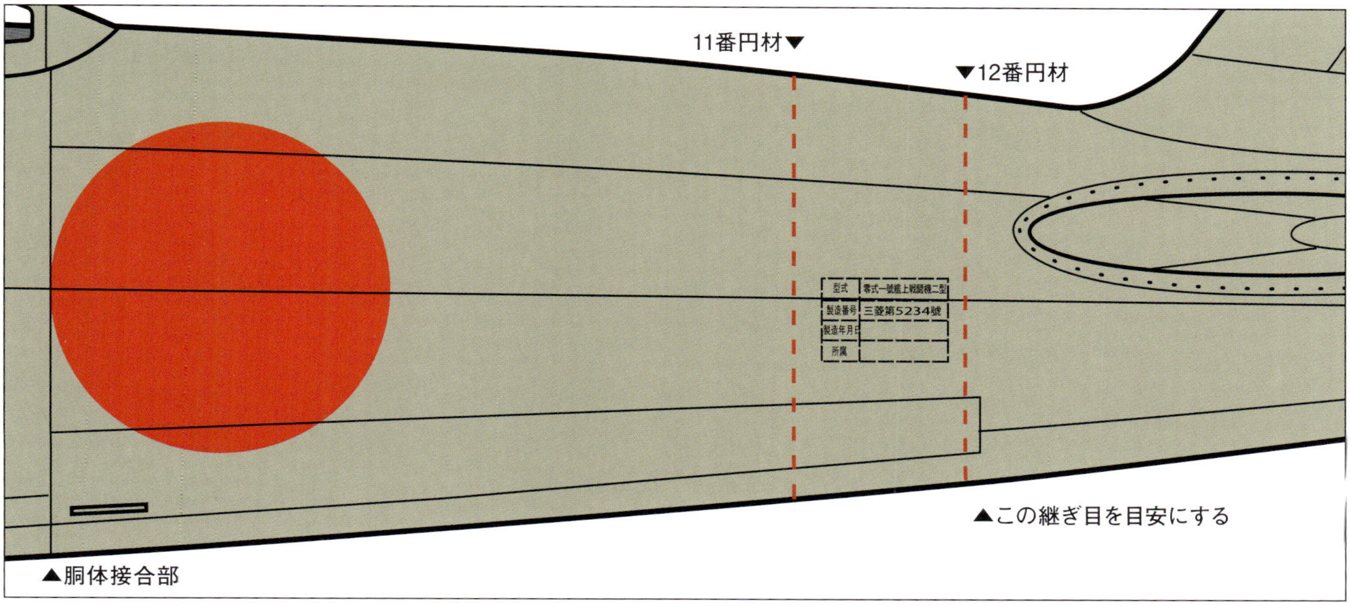

胴体の日の丸は左側のフチ(右胴体であれば右側のフチ) がちょうど機体前後部の接合部に接する位置にくる。上下位置は中心部が縦通材部の継ぎ目と重なるようになる。これに注意してマーキングを行なう(あるいはデカールを貼る) とかっちりと位置が決まる。胴体左側後部の機体銘板(実機は塗装仕上げ) は11番円材と12番円材の間にあった。デカールなどを貼る際には12番円材の部分にある外板の継ぎ目を目安に位置を決めるとよい。上下位置は「型式」欄と「製造番号」欄が継ぎ目に重なるようになる(手作業のため、個体差があった)。

●補助翼はマスバランスのタイプで注意書きが異なる

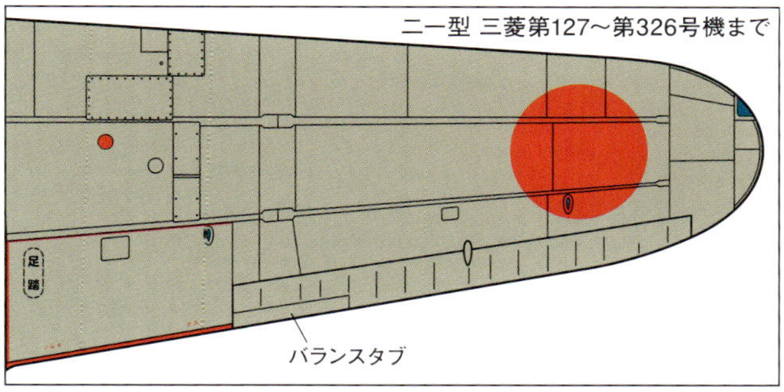

三菱製造67号機からが二一型となるが、同127号機からは補助翼にバランスタブが付いた。これは高速になると重くなる補助翼の操作を風圧によってアシストするものだった。

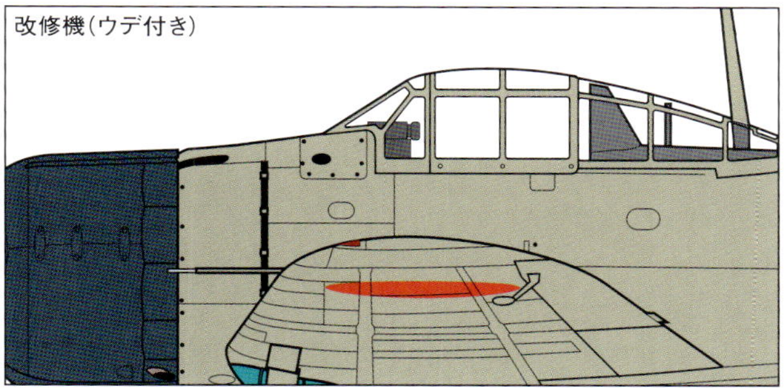

昭和16年4月に空中分解事故が起き、その原因がバランスタブと見られたため三菱製造326号機まで廃止。通常の補助翼に改修されたが、マスバランスの重量不足を解消するため腕木式のマスバランスを追加。

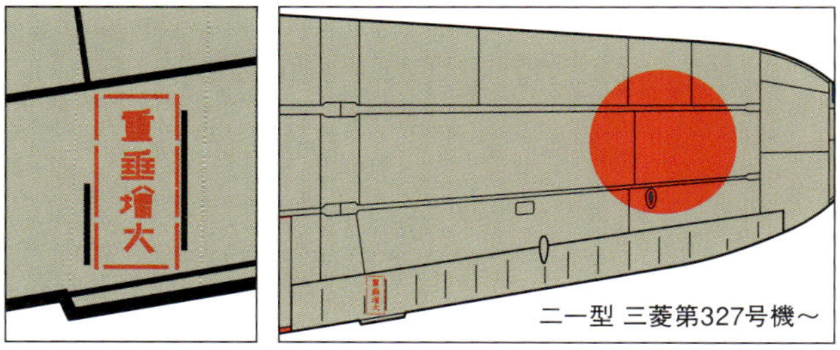

三菱製造327号機以降は補助翼内のマスバランスを増量する対策をして完成している。外側からは見分けがつかないため、「重錘増大」との注意書きをしている。

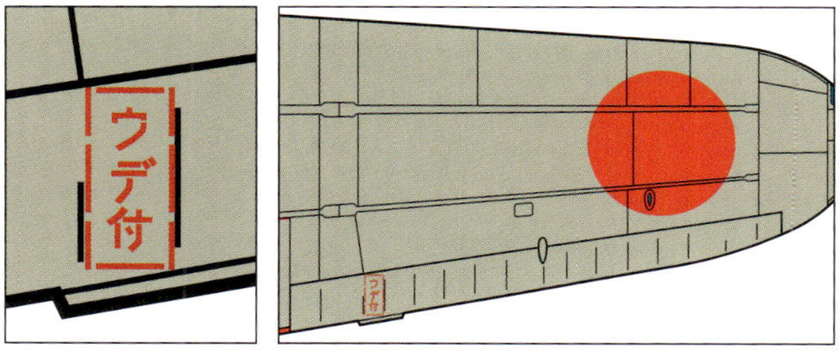

上図のような腕木式のマスバランスを追加する改修が行なわれた機体の補助翼には「ウデ付」との注意書きがなされた。

3.敵味方識別帯の導入

写真や塗装図を観察していると、零戦の主翼前縁が黄色く塗られていることに気づかされるが、これは日本陸海軍機に共通の敵味方識別標識だ。昭和17年末ごろから普及しはじめた標識といえ、零戦二二型以降の機体は全機がこれを塗装されて工場をロールアウトしている。当然、中島で並行生産されていた二一型にも導入されている。

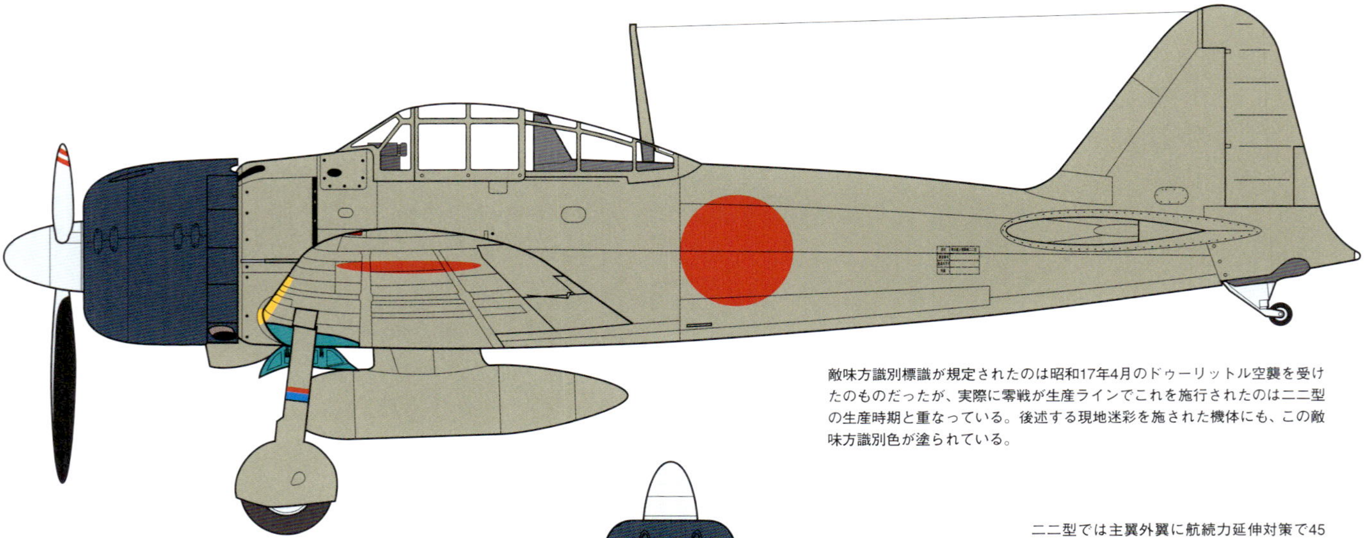

敵味方識別標識が規定されたのは昭和17年4月のドゥーリットル空襲を受けたのものだったが、実際に零戦が生産ラインでこれを施行されたのは二二型の生産時期と重なっている。後述する現地迷彩を施された機体にも、この敵味方識別色が塗られている。

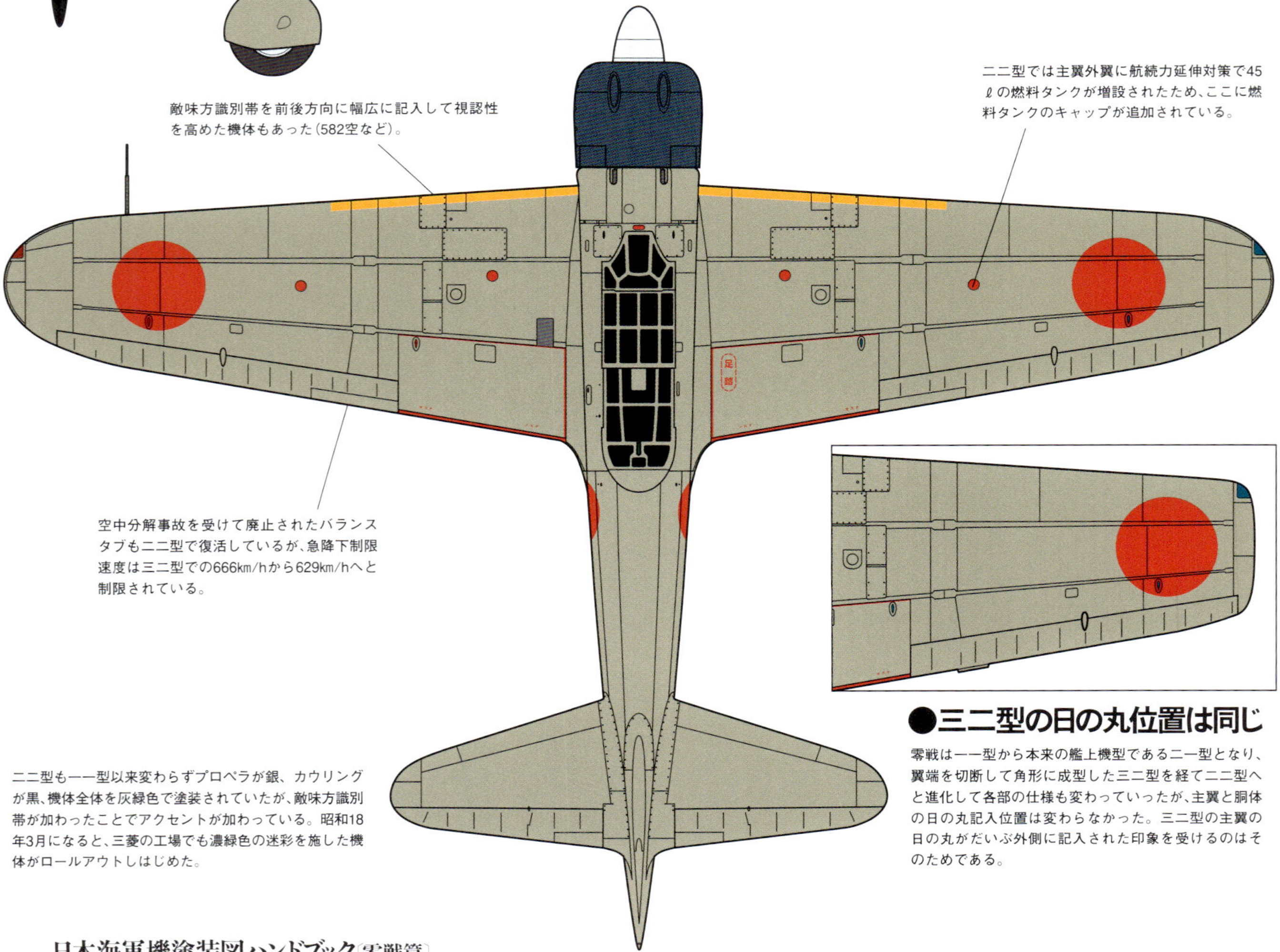

敵味方識別帯を前後方向に幅広に記入して視認性を高めた機体もあった(582空など)。

二二型では主翼外翼に航続力延伸対策で45ℓの燃料タンクが増設されたため、ここに燃料タンクのキャップが追加されている。

空中分解事故を受けて廃止されたバランスタブも二二型で復活しているが、急降下制限速度は三二型での666km/hから629km/hへと制限されている。

二二型も一一型以来変わらずプロペラが銀、カウリングが黒、機体全体を灰緑色で塗装されていたが、敵味方識別帯が加わったことでアクセントが加わっている。昭和18年3月になると、三菱の工場でも濃緑色の迷彩を施した機体がロールアウトしはじめた。

●三二型の日の丸位置は同じ

零戦は一一型から本来の艦上機型である二一型となり、翼端を切断して角形に成型した三二型を経て二二型へと進化して各部の仕様も変わっていったが、主翼と胴体の日の丸記入位置は変わらなかった。三二型の主翼の日の丸がだいぶ外側に記入された印象を受けるのはそのためである。

4.日の丸に白フチが付く

日の丸に白フチが付くようになったのも敵味方識別帯の導入と同様、視認性を高めて同士討ちの危険性を避けるためのものだった(そもそも陸軍機の胴体にはそれまで日の丸が付いていなかった)。零戦では昭和17年夏ごろにまず中島製二一型が胴体日の丸にだけ白フチを付けて製作されるようになり、昭和18年になる頃から主翼の日の丸にも白フチが付くようになった。

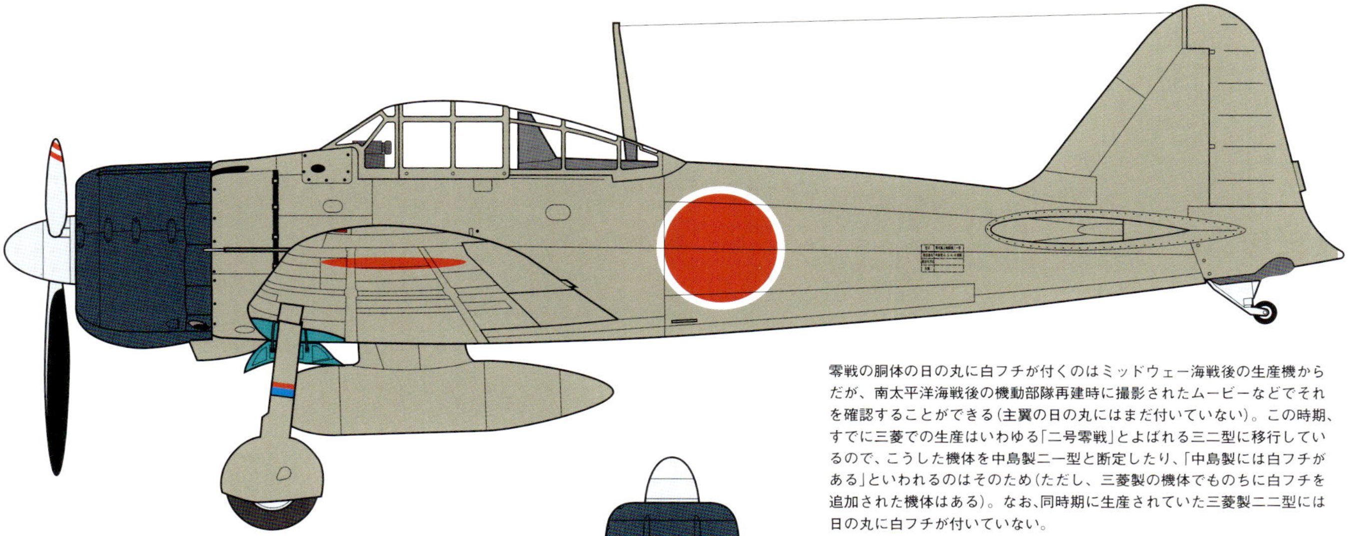

零戦の胴体の日の丸に白フチが付くのはミッドウェー海戦後の生産機からだが、南太平洋海戦後の機動部隊再建時に撮影されたムービーなどでそれを確認することができる(主翼の日の丸にはまだ付いていない)。この時期、すでに三菱での生産はいわゆる「二号零戦」とよばれる三二型に移行しているので、こうした機体を中島製二一型と断定したり、「中島製には白フチがある」といわれるのはそのため(ただし、三菱製の機体でものちに白フチを追加された機体はある)。なお、同時期に生産されていた三菱製二二型には日の丸に白フチが付いていない。

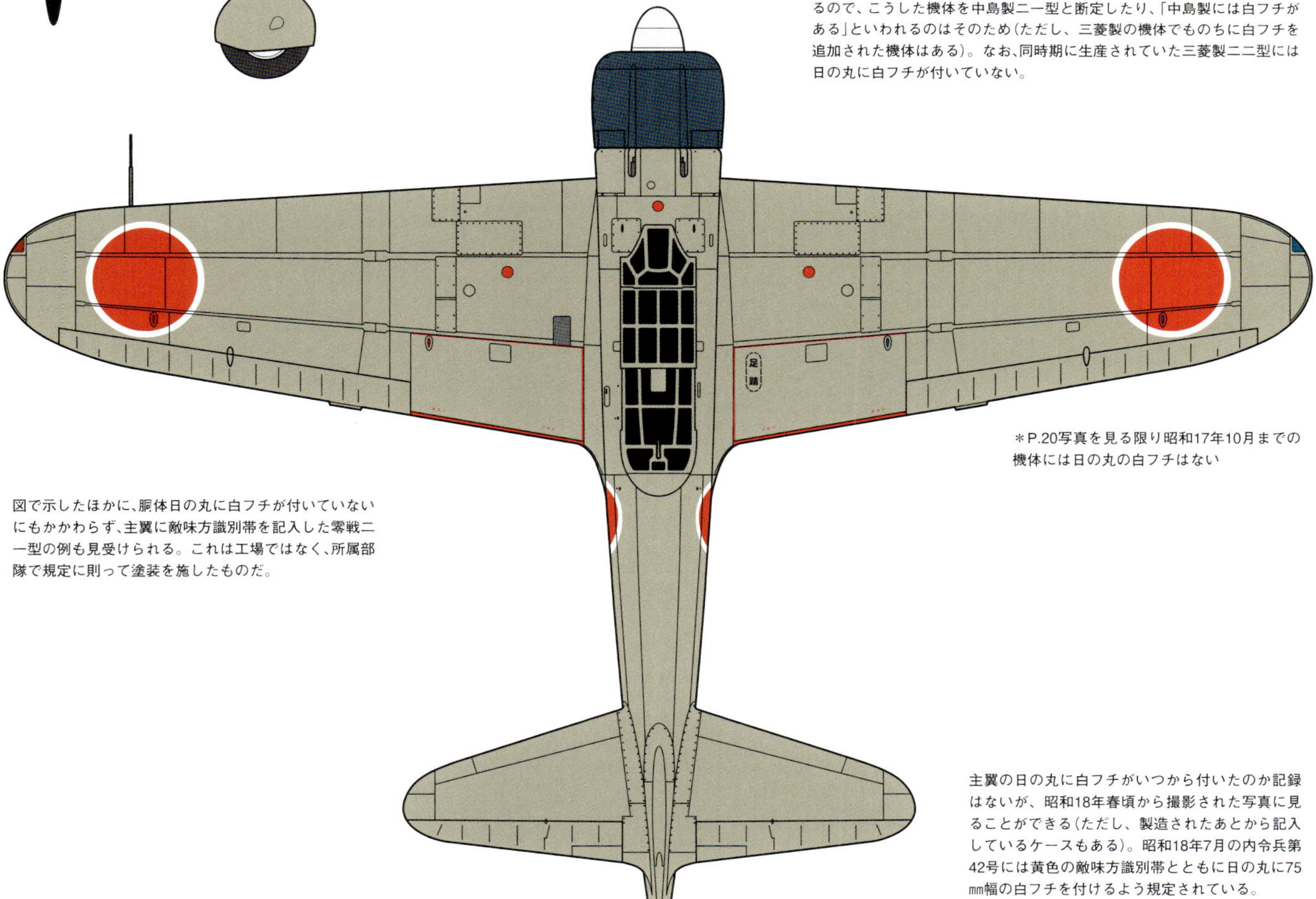

＊P.20写真を見る限り昭和17年10月までの機体には日の丸の白フチはない

図で示したほかに、胴体日の丸に白フチが付いていないにもかかわらず、主翼に敵味方識別帯を記入した零戦二一型の例も見受けられる。これは工場ではなく、所属部隊で規定に則って塗装を施したものだ。

主翼の日の丸に白フチがいつから付いたのか記録はないが、昭和18年春頃から撮影された写真に見ることができる(ただし、製造されたあとから記入しているケースもある)。昭和18年7月の内令兵第42号には黄色の敵味方識別帯とともに日の丸に75㎜幅の白フチを付けるよう規定されている。

5.現地迷彩が始まる

本章の冒頭でも述べた通り、日本海軍機の迷彩塗装は空中での視認性を下げるよりも地上での駐機中のカモフラージュを重視する傾向があった。昭和17年秋ごろから南東方面と呼ばれたソロモン諸島での航空戦が激化すると、零戦にもこうした迷彩が施されるようになる。

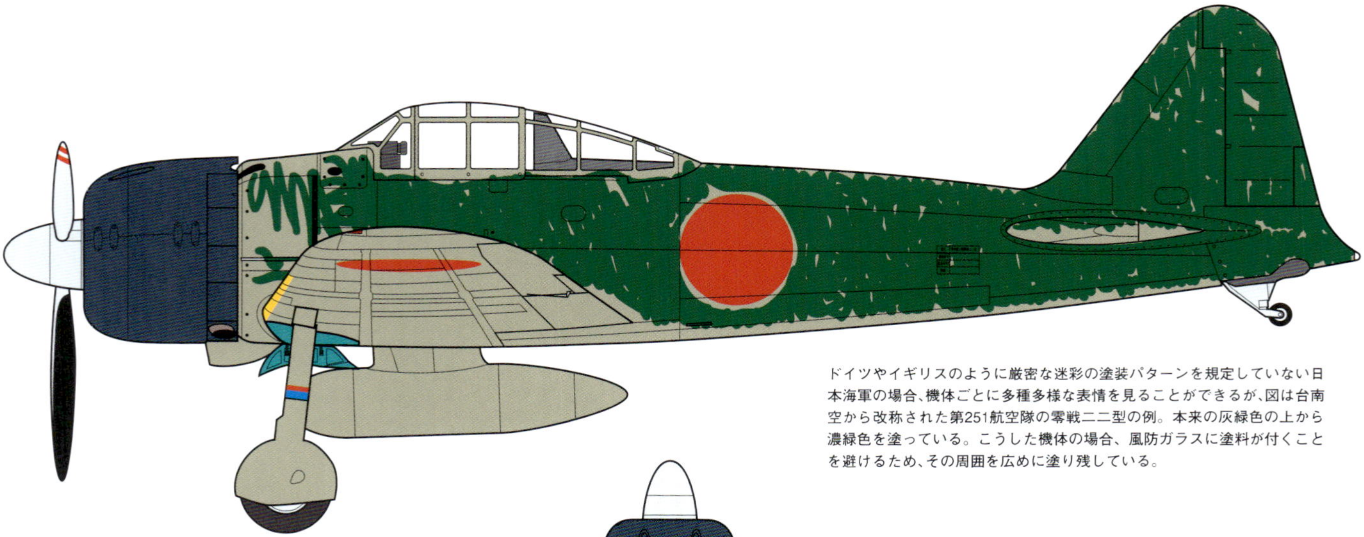

ドイツやイギリスのように厳密な迷彩の塗装パターンを規定していない日本海軍の場合、機体ごとに多種多様な表情を見ることができるが、図は台南空から改称された第251航空隊の零戦二二型の例。本来の灰緑色の上から濃緑色を塗っている。こうした機体の場合、風防ガラスに塗料が付くことを避けるため、その周囲を広めに塗り残している。

こちらは上の側面図の上面を現したもの。現地部隊で応急的に迷彩を施す場合、従来からあるコーションマークや警戒帯、敵味方識別帯は丁寧に塗り分けられた(オーバーラップしてしまった場合は赤や黄などの同色でリタッチする)。

零戦の迷彩導入は海軍機のなかでは最も遅いほうで、一式陸攻などは中国大陸での戦いに登場した当時から緑と茶の雲形迷彩を実施していたほか、真珠湾攻撃にあたっては九七艦攻も各航空戦隊ごとに特徴のある迷彩を施したことは周知の通り。九九艦爆はラバウル攻略作戦が終わった昭和17年3月頃から濃緑色の迷彩を実施し、インド洋作戦や珊瑚海海戦、ミッドウェー海戦に参加した機体はこの仕様である。

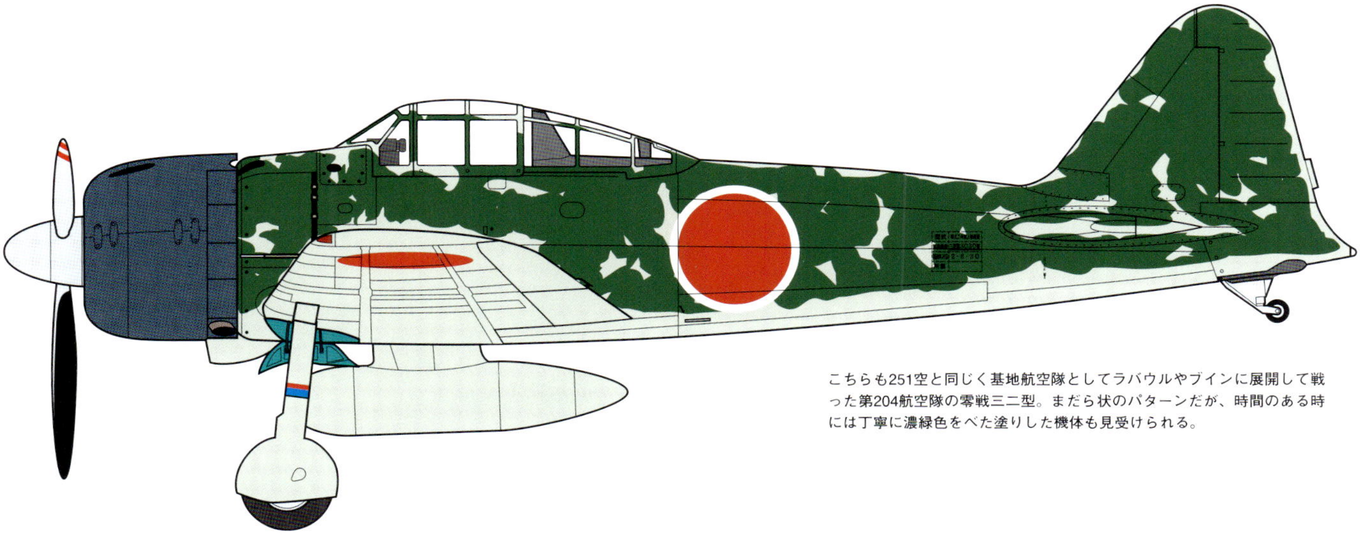

こちらも251空と同じく基地航空隊としてラバウルやブインに展開して戦った第204航空隊の零戦三二型。まだら状のパターンだが、時間のある時には丁寧に濃緑色をべた塗りした機体も見受けられる。

◀昭和18年4月にラバウル東飛行場で撮影された零戦二一型。い号作戦のため応援にやってきた空母飛行機隊の零戦で、基地航空戦に備えて慌ただしく迷彩を施したため迷彩のまだら模様もかなり大きく乱雑。

▼こちらも同じ時期にブーゲンビル島ブイン基地で撮影された零戦二一型。上写真の機体に比べて迷彩の紋様がかなり大きいのがわかる。この他の例として直線を斜めに格子状にしたパターンなども見られた。

6.工場での迷彩塗装

昭和18年に入り、現地で濃緑色の応急迷彩がなされるようになると当然それは工場生産機にもフィードバックされる。昭和18年3月以降、三菱では零戦二二型の後期生産機に、中島でも引き続き生産していた二一型に対して迷彩塗装が施行されるようになった。ここではその後、両社で並行生産された五二型を例として塗装の違いを見てみよう。

●三菱製五二型の例

＊二二型後期生産機も同様

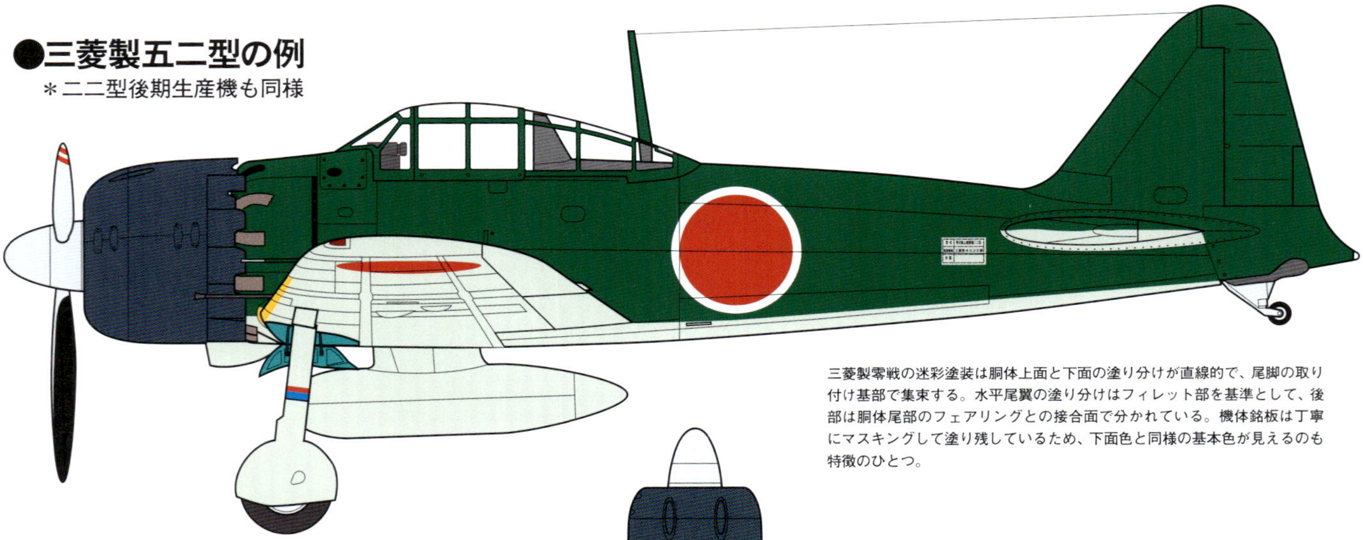

三菱製零戦の迷彩塗装は胴体上面と下面の塗り分けが直線的で、尾脚の取り付け基部で集束する。水平尾翼の塗り分けはフィレット部を基準として、後部は胴体尾部のフェアリングとの接合面で分かれている。機体銘板は丁寧にマスキングして塗り残しているため、下面色と同様の基本色が見えるのも特徴のひとつ。

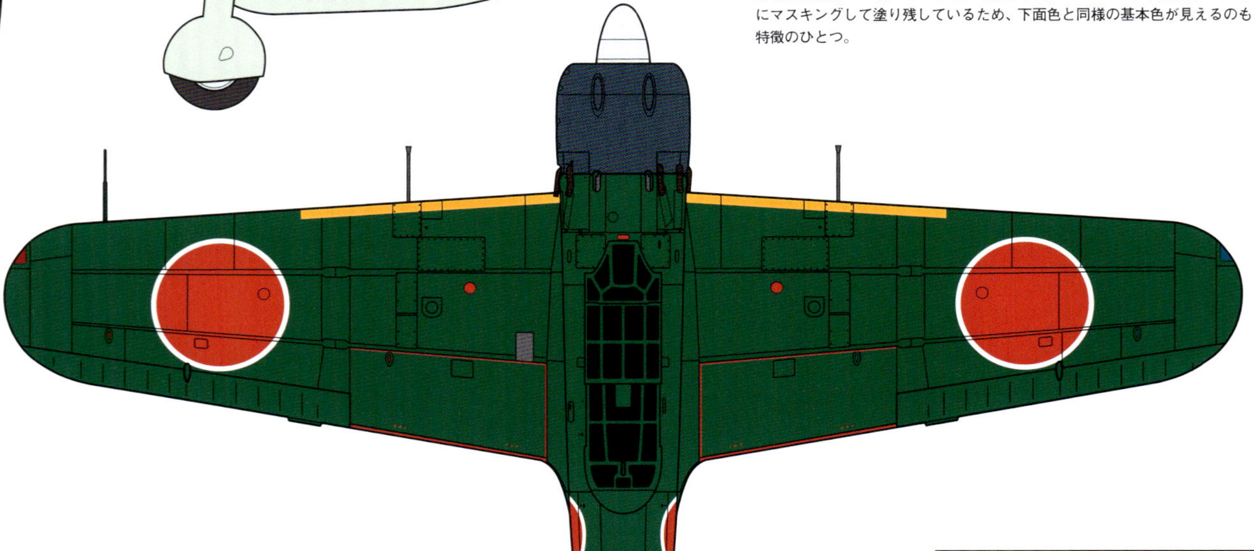

三菱製零戦の敵味方識別帯は、主翼のフィレットにまでかかっている。

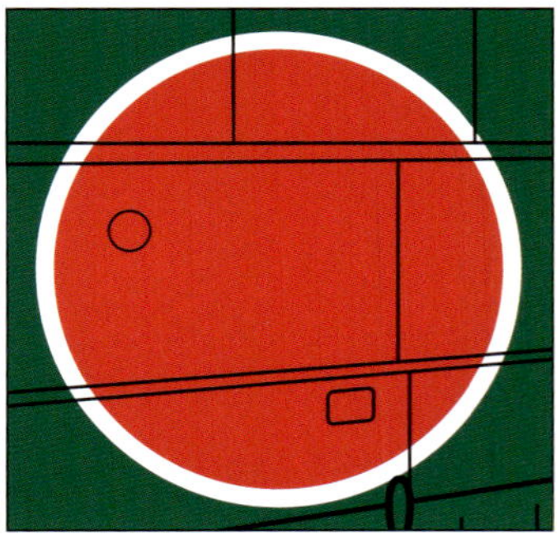

日の丸の白フチは中島製より狭く、補助翼や操作ロッドには回り込まないのが三菱製の特徴。

※三菱製はこの五二型から下面色がJ3と呼ばれる明灰色になる。これは従来の灰緑色と違い、白っぽく青みが強い灰色だった。中島製はこの当時生産していた二一型から迷彩を実施するが、やはり下面色はJ3灰色となっている。

●中島製五二型の例

＊二一型後期生産機も同様

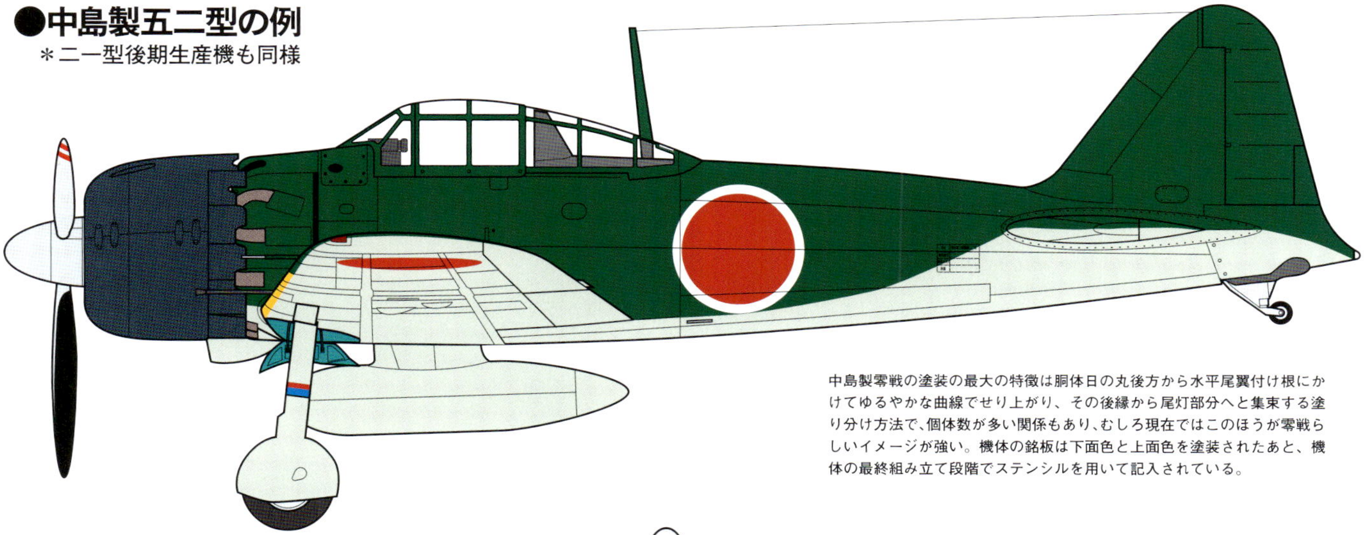

中島製零戦の塗装の最大の特徴は胴体日の丸後方から水平尾翼付け根にかけてゆるやかな曲線でせり上がり、その後縁から尾灯部分へと集束する塗り分け方法で、個体数が多い関係もあり、むしろ現在ではこのほうが零戦らしいイメージが強い。機体の銘板は下面色と上面色を塗装されたあと、機体の最終組み立て段階でステンシルを用いて記入されている。

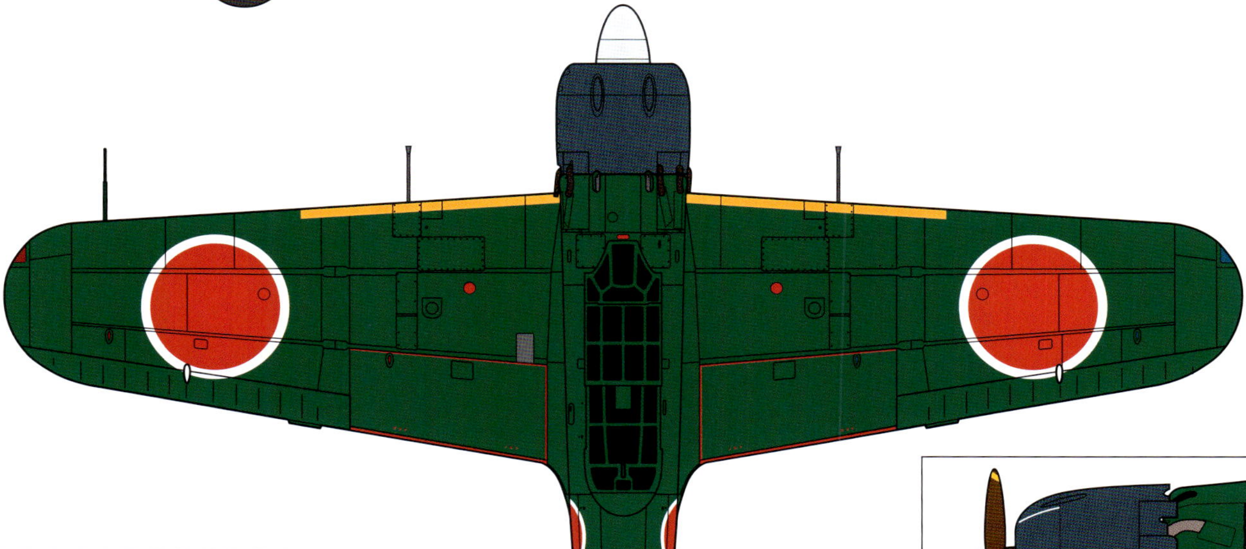

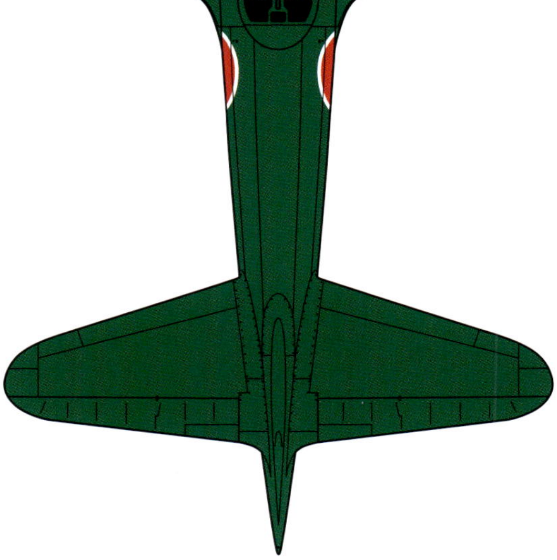

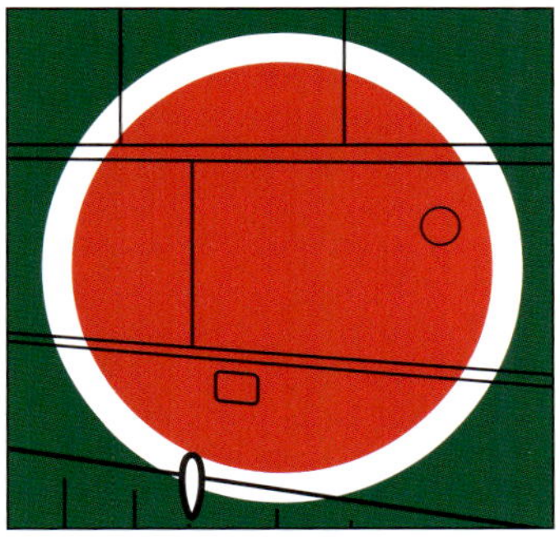

中島製零戦五二型は日の丸の白フチが大きく、その一部が補助翼にはみ出ているだけでなく、操作ロッドまで白く塗装されているのが三菱製との違い。

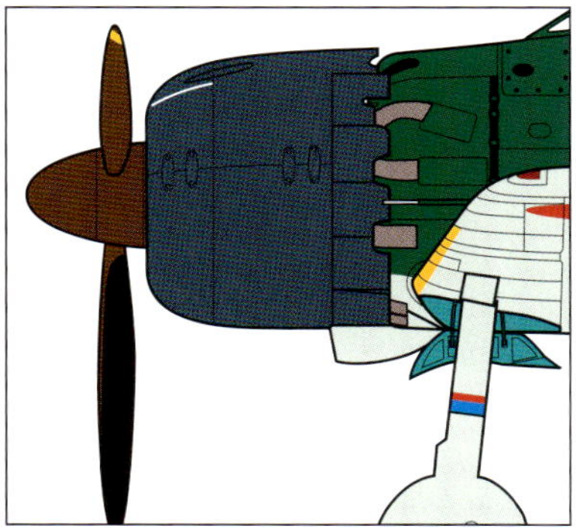

昭和19年1月に海軍機のプロペラを茶色に塗るよう指示が出され、工場で出荷される零戦も順次こうした施行がなされたが、写真やニュース映像を見るに、ラバウルなどの最前線では昭和18年秋の時点で現地部隊によりすでに茶色に塗装されていたことがわかる。機首の7.7㎜機銃を同調させるための白い「制時点標識」もこの頃から記入されるようになっている。

7.最終形態

零戦五二丙型と六二型はそれぞれ昭和20年に登場した機体だが、その数はじつは一般で思われているよりも多数に上り、この時期の零戦といえばこの2型式が主力であったといって過言ではない。最終進化形ともいえるが、その特徴も五二型に準じたものだ。

●五二丙型・六二型の例

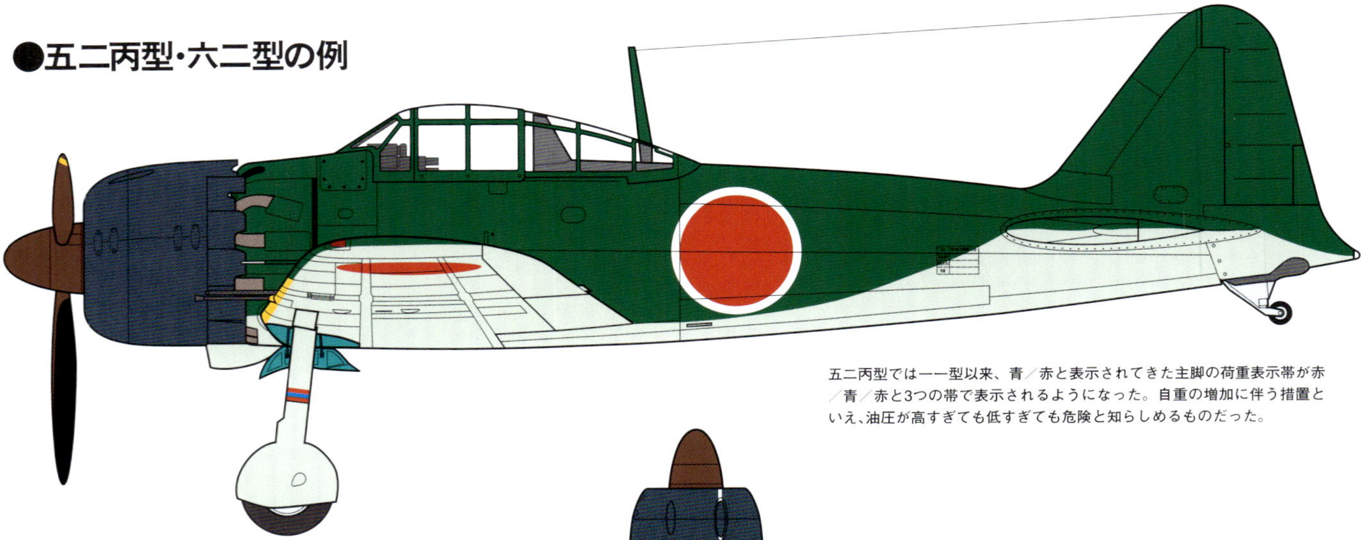

五二丙型では一一型以来、青／赤と表示されてきた主脚の荷重表示帯が赤／青／赤と3つの帯で表示されるようになった。自重の増加に伴う措置といえ、油圧が高すぎても低すぎても危険と知らしめるものだった。

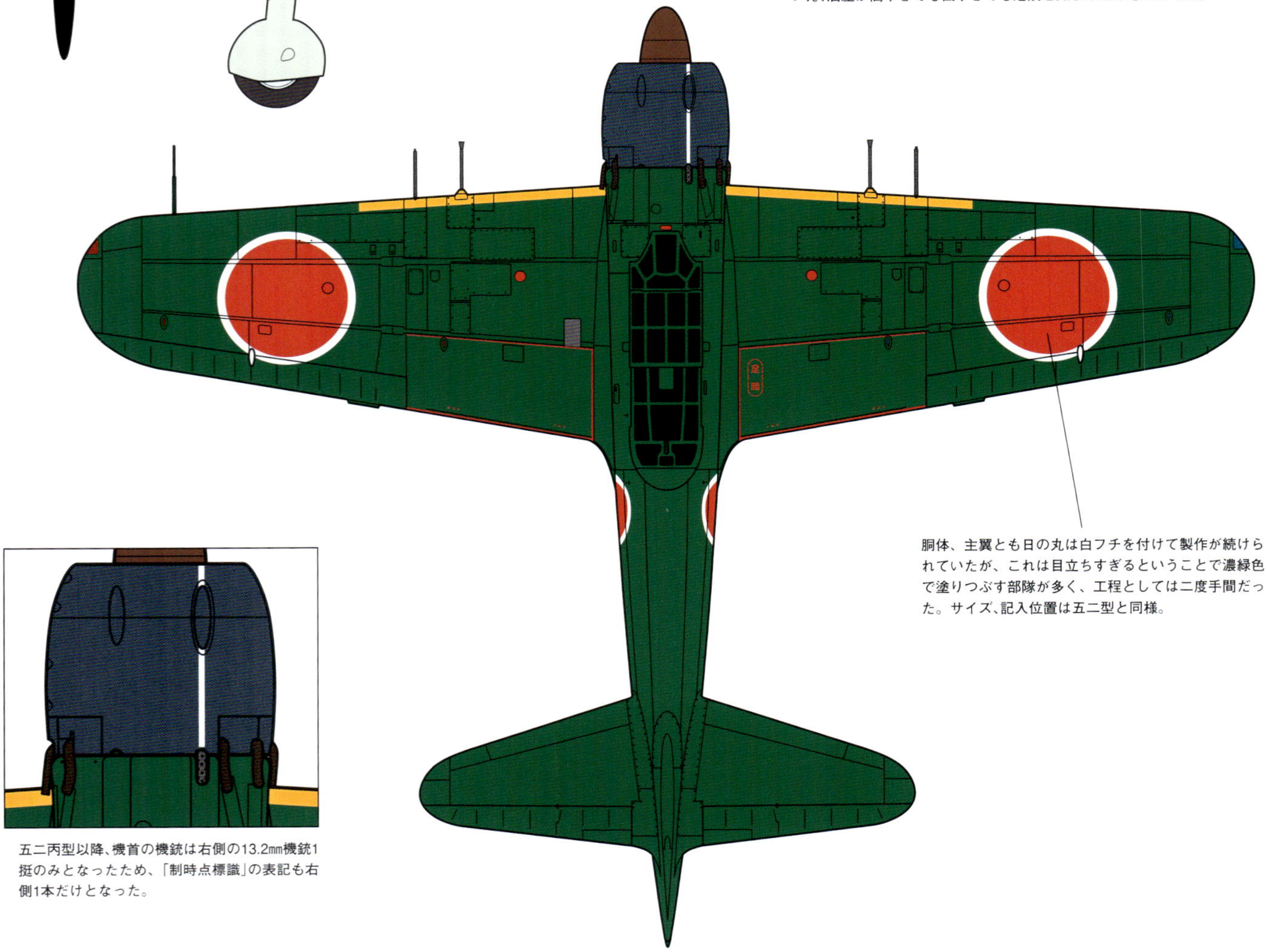

胴体、主翼とも日の丸は白フチを付けて製作が続けられていたが、これは目立ちすぎるということで濃緑色で塗りつぶす部隊が多く、工程としては二度手間だった。サイズ、記入位置は五二型と同様。

五二丙型以降、機首の機銃は右側の13.2㎜機銃1挺のみとなったため、「制時点標識」の表記も右側1本だけとなった。

8.特殊な塗装例

これまでに紹介してきたほかにも、およそ1万機が製造された零戦には特殊な塗装パターンのものが見られた。
ここに掲げるのはその一例である。

① 機体の前後で塗色が違う

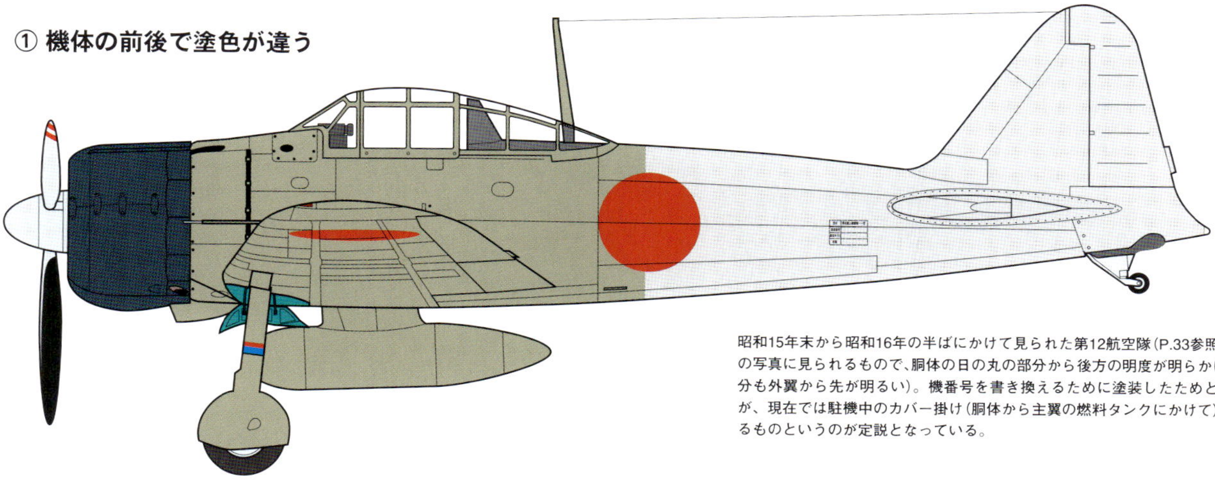

昭和15年末から昭和16年の半ばにかけて見られた第12航空隊（P.33参照）の零戦一一型の写真に見られるもので、胴体の日の丸の部分から後方の明度が明らかに違う例（主翼部分も外翼から先が明るい）。機番号を書き換えるために塗装したためとも言われてきたが、現在では駐機中のカバー掛け（胴体から主翼の燃料タンクにかけて）による褪色によるものというのが定説となっている。

② 全体が濃緑色に塗装

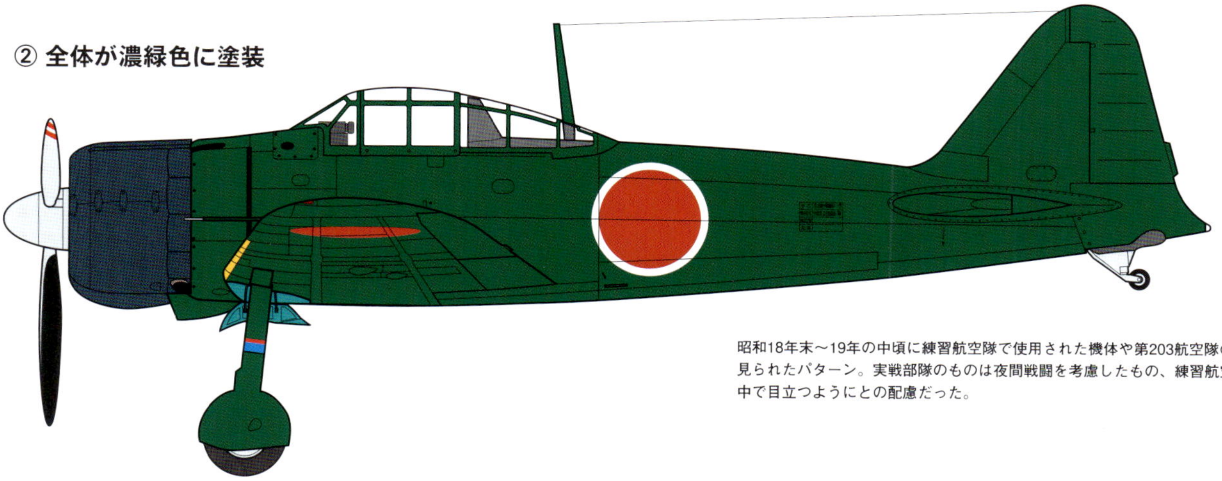

昭和18年末～19年の中頃に練習航空隊で使用された機体や第203航空隊の零戦二一型に見られたパターン。実戦部隊のものは夜間戦闘を考慮したもの、練習航空隊のものは空中で目立つようにとの配慮だった。

③ 塗り分けが波形

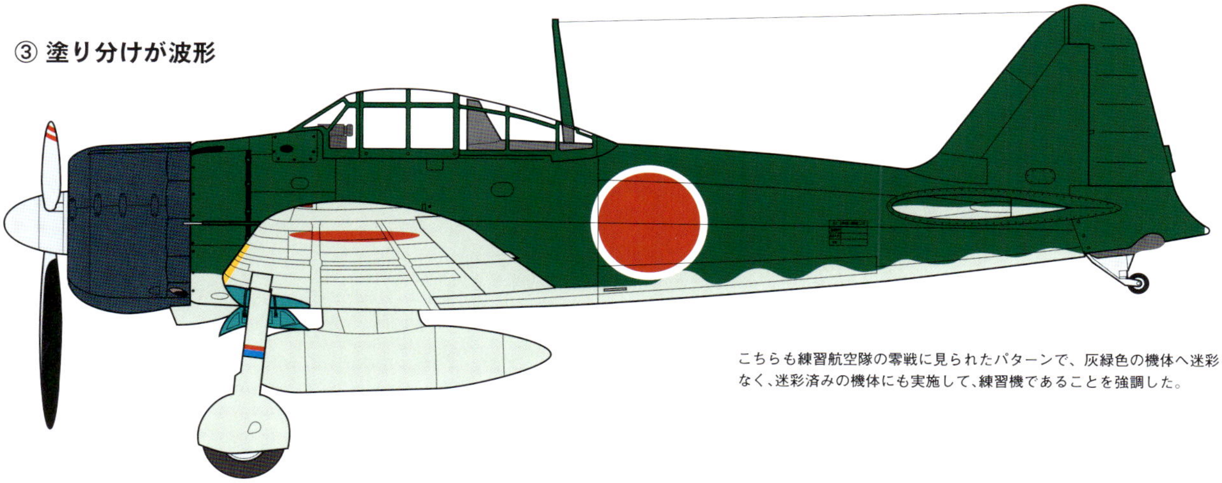

こちらも練習航空隊の零戦に見られたパターンで、灰緑色の機体へ迷彩を施しただけでなく、迷彩済みの機体にも実施して、練習機であることを強調した。

9.指揮官機標識

洋の東西を問わず、空中指揮官(いわゆる隊長機)を現す塗装や標識は派手なものだ。ここでは零戦による一例を紹介し、パターンを把握しておきたい。日本海軍では胴体や尾翼に帯を巻くのが一般的な指揮官標識の在り方だった。

●空母飛行機隊の例

〈空母「赤城」分隊長機〉

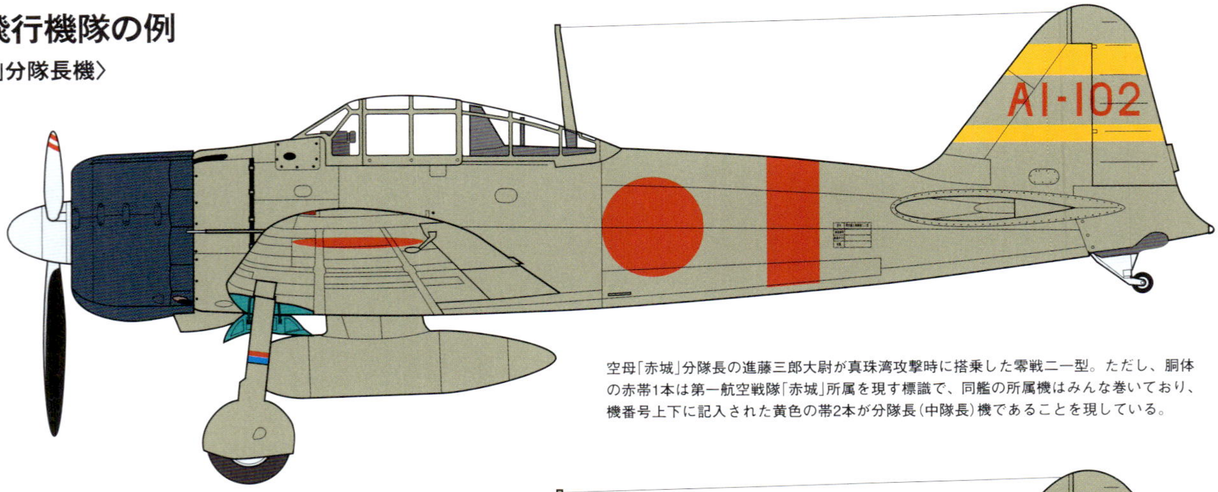

空母「赤城」分隊長の進藤三郎大尉が真珠湾攻撃時に搭乗した零戦二一型。ただし、胴体の赤帯1本は第一航空戦隊「赤城」所属を現す標識で、同艦の所属機はみんな巻いており、機番号上下に記入された黄色の帯2本が分隊長(中隊長)機であることを現している。

〈空母「翔鶴」分隊長機〉

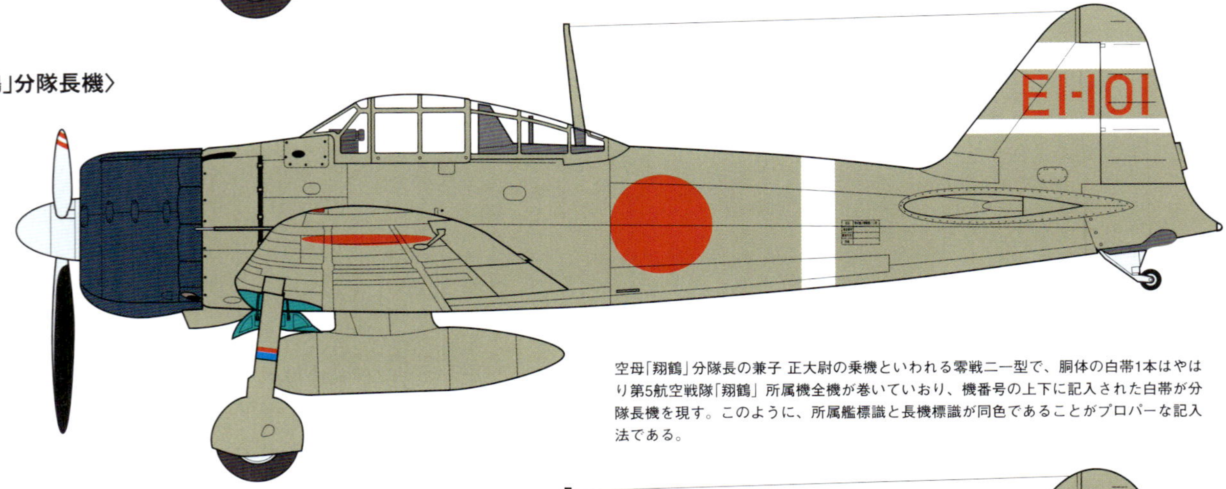

空母「翔鶴」分隊長の兼子 正大尉の乗機といわれる零戦二一型で、胴体の白帯1本はやはり第5航空戦隊「翔鶴」所属機全機が巻いており、機番号の上下に記入された白帯が分隊長機を現す。このように、所属艦標識と長機標識が同色であることがプロパーな記入法である。

〈空母「蒼龍」小隊長機〉

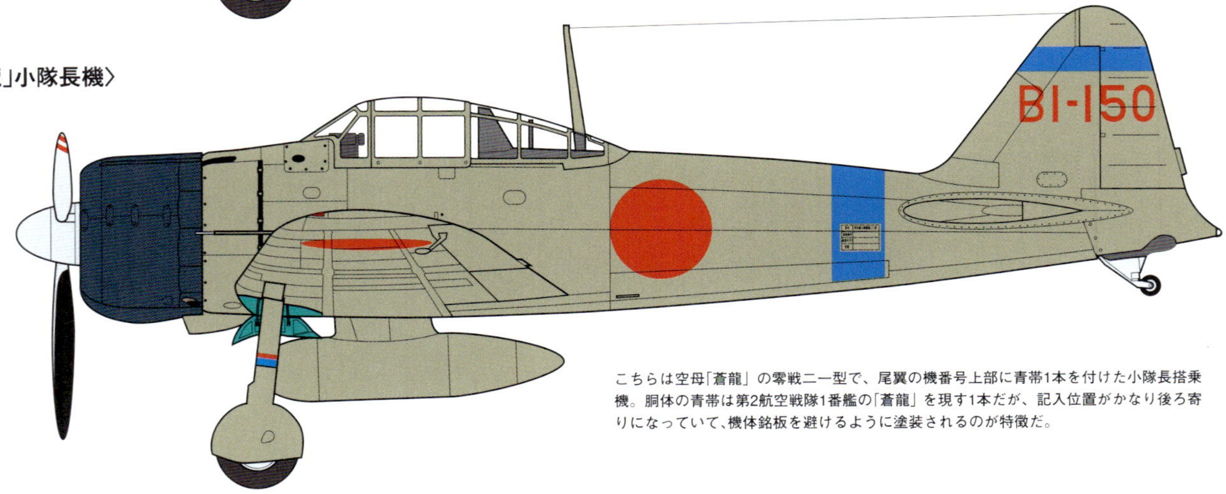

こちらは空母「蒼龍」の零戦二一型で、尾翼の機番号上部に青帯1本を付けた小隊長搭乗機。胴体の青帯は第2航空戦隊1番艦の「蒼龍」を現す1本だが、記入位置がかなり後ろ寄りになっていて、機体銘板を避けるように塗装されるのが特徴だ。

●基地航空隊の例

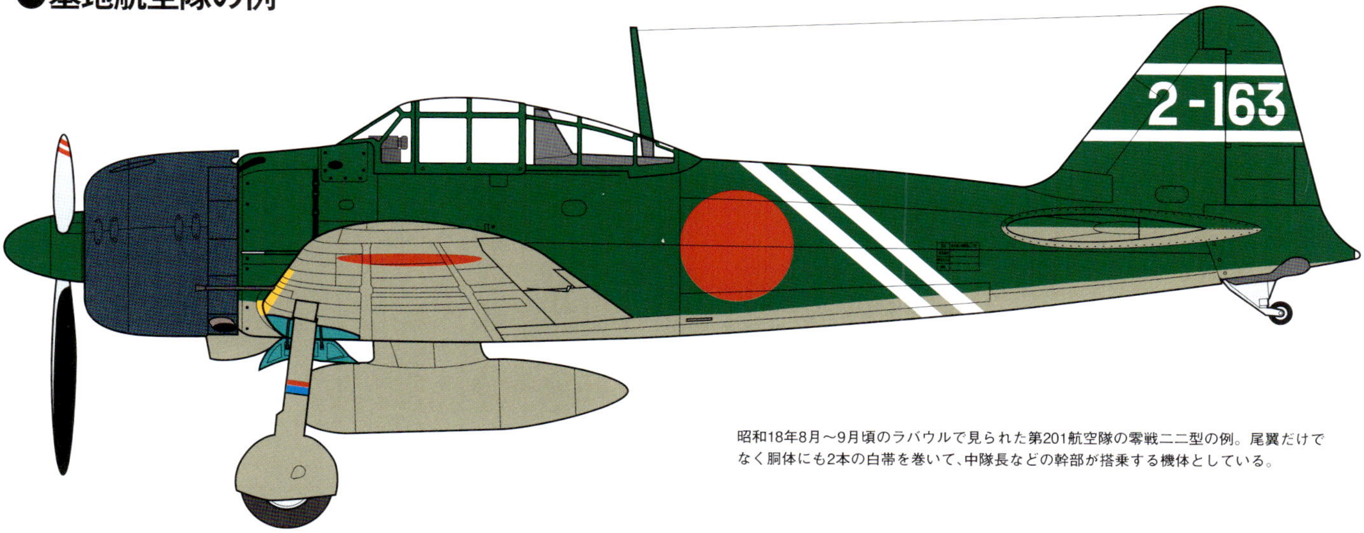

昭和18年8月～9月頃のラバウルで見られた第201航空隊の零戦二二型の例。尾翼だけでなく胴体にも2本の白帯を巻いて、中隊長などの幹部が搭乗する機体としている。

昭和17年10月、南太平洋を行動中の空母「翔鶴」から発艦する飛行隊長新郷英城大尉の搭乗する零戦二一型。胴体には第1航空戦隊「翔鶴」を現す白帯1本を巻いており、これは同艦の所属機に共通の標識。尾翼の機番号上下に記入された3本の白帯で飛行隊長乗機であることを現している。空母部隊では小隊長機は1本、中隊長機は2本、飛行隊長機であれば3本の、自艦標識と同じ色の長機標識を記入するのが慣例だった。なお、真珠湾攻撃時の「赤城」所属機のみ、この長機標識に黄色を用いていた。

2.空母飛行機隊の零戦

艦上戦闘機である零戦にとって開戦当時の花形であったともいえる空母飛行機隊での運用。本項では、この空母飛行機隊で運用された機体の塗装パターンを解説する。緒戦での活躍を象徴する飴色の機体に映える、各空母ごとの識別帯も眩しいこれらの機体の姿を、じっくりとご覧いただきたい

AI-158

DI-108

BI-185

BII-120

EI-112

AI-2-112

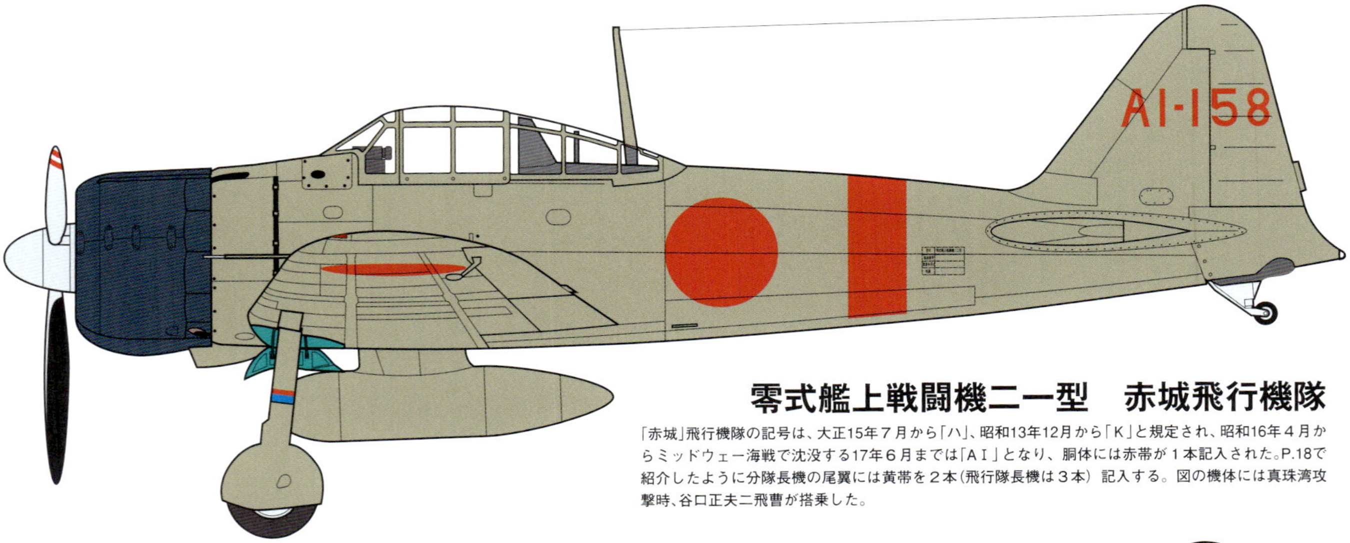

零式艦上戦闘機二一型　赤城飛行機隊

「赤城」飛行機隊の記号は、大正15年７月から「ハ」、昭和13年12月から「K」と規定され、昭和16年４月からミッドウェー海戦で沈没する17年６月までは「AⅠ」となり、胴体には赤帯が１本記入された。P.18で紹介したように分隊長機の尾翼には黄帯を２本（飛行隊長機は３本）記入する。図の機体には真珠湾攻撃時、谷口正夫二飛曹が搭乗した。

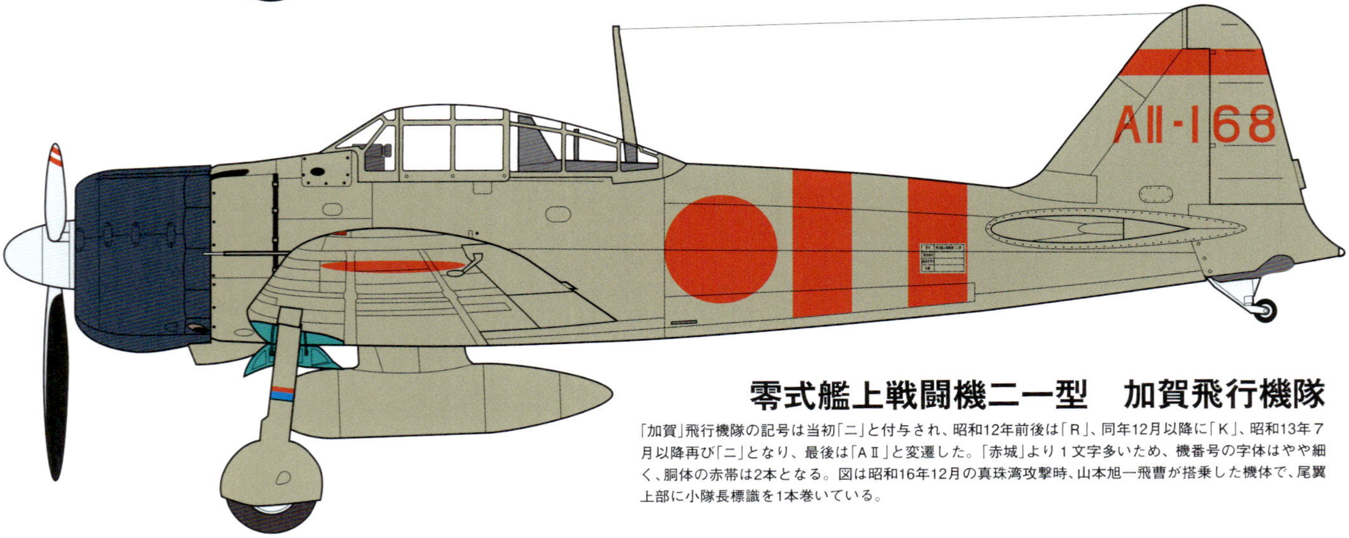

零式艦上戦闘機二一型　加賀飛行機隊

「加賀」飛行機隊の記号は当初「ニ」と付与され、昭和12年前後は「R」、同年12月以降に「K」、昭和13年７月以降再び「ニ」となり、最後は「AⅡ」と変遷した。「赤城」より１文字多いため、機番号の字体はやや細く、胴体の赤帯は2本となる。図は昭和16年12月の真珠湾攻撃時、山本旭一飛曹が搭乗した機体で、尾翼上部に小隊長標識を1本巻いている。

空母飛行機隊の所属記号と標識

昭和16年
12月
開戦時

所属	艦名	記号	胴体標識
第1航空艦隊			
第1航空戦隊	赤城	AⅠ	赤帯1本
	加賀	AⅡ	赤帯2本
第2航空戦隊	蒼龍	BⅠ	青帯1本
	飛龍	BⅡ	青帯2本
第3航空戦隊	瑞鳳	CⅠ	赤線1本
	鳳翔	CⅡ	赤線1本
第4航空戦隊	龍驤	DⅠ	黄帯1本
	祥鳳/隼鷹	DⅡ	黄帯2本
第5航空戦隊	瑞鶴	EⅡ	白帯2本
	翔鶴	EⅠ	白帯1本

昭和17年
7月～
ミッドウェー海戦後

所属	艦名	記号	胴体標識
第3艦隊			
第1航空戦隊	翔鶴	EⅠ	白帯1本
	瑞鶴	EⅡ	白帯2本
	瑞鳳	EⅢ	白帯3本
第2航空戦隊	龍驤/飛鷹	DⅠ	赤帯1本
	隼鷹	DⅡ	赤帯2本
	龍鳳	DⅢ	赤帯3本

11月～
南太平洋海戦後

所属	艦名	記号	胴体標識
第3艦隊			
第1航空戦隊	瑞鶴	A1-1	白帯1本
	翔鶴	A1-2	白帯2本
	瑞鳳	A1-3	白帯3本
第2航空戦隊	隼鷹	A2-1	赤帯1本
	飛鷹	A2-2	赤帯2本
	龍鳳	A2-3	赤帯3本

※第3航空戦隊の開戦時の装備機は九六艦戦で、機軸方向、胴体を貫く形で赤線1本を記入。
※第4航空戦隊の装備機も九六艦戦で、開戦後に零戦に変わった。祥鳳は珊瑚海海戦で撃沈され、隼鷹が加わった。
※昭和17年8月の第二次ソロモン海戦で龍驤が撃沈され、飛鷹がここへ加わった。
※昭和18年以降、頭文字の「A」を略すようになっている。

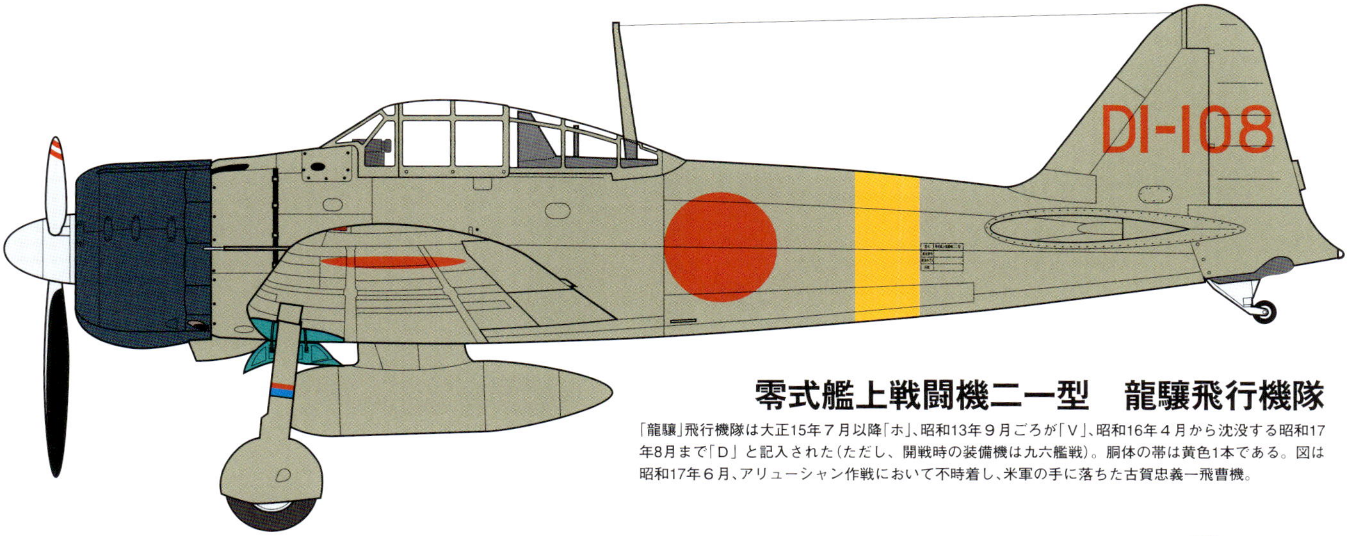

零式艦上戦闘機二一型　龍驤飛行機隊

「龍驤」飛行機隊は大正15年７月以降「ホ」、昭和13年９月ごろが「Ｖ」、昭和16年４月から沈没する昭和17年8月まで「Ｄ」と記入された（ただし、開戦時の装備機は九六艦戦）。胴体の帯は黄色1本である。図は昭和17年６月、アリューシャン作戦において不時着し、米軍の手に落ちた古賀忠義一飛曹機。

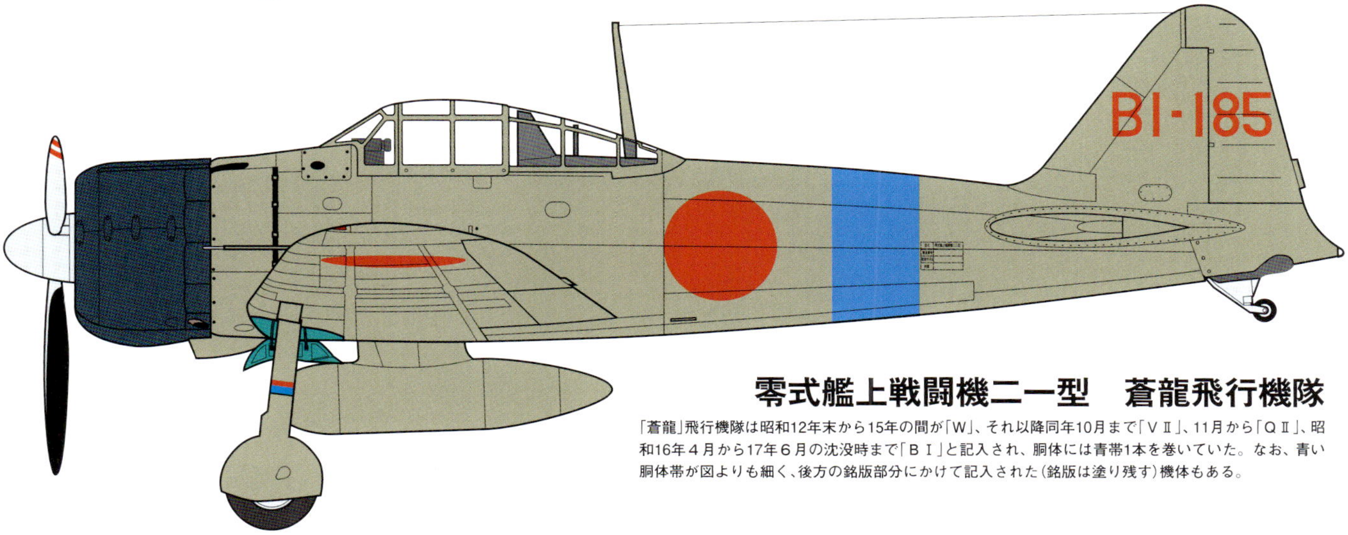

零式艦上戦闘機二一型　蒼龍飛行機隊

「蒼龍」飛行機隊は昭和12年末から15年の間が「Ｗ」、それ以降同年10月まで「ＶⅡ」、11月から「ＱⅡ」、昭和16年４月から17年６月の沈没時まで「ＢⅠ」と記入され、胴体には青帯1本を巻いていた。なお、青い胴体帯が図よりも細く、後方の銘版部分にかけて記入された（銘版は塗り残す）機体もある。

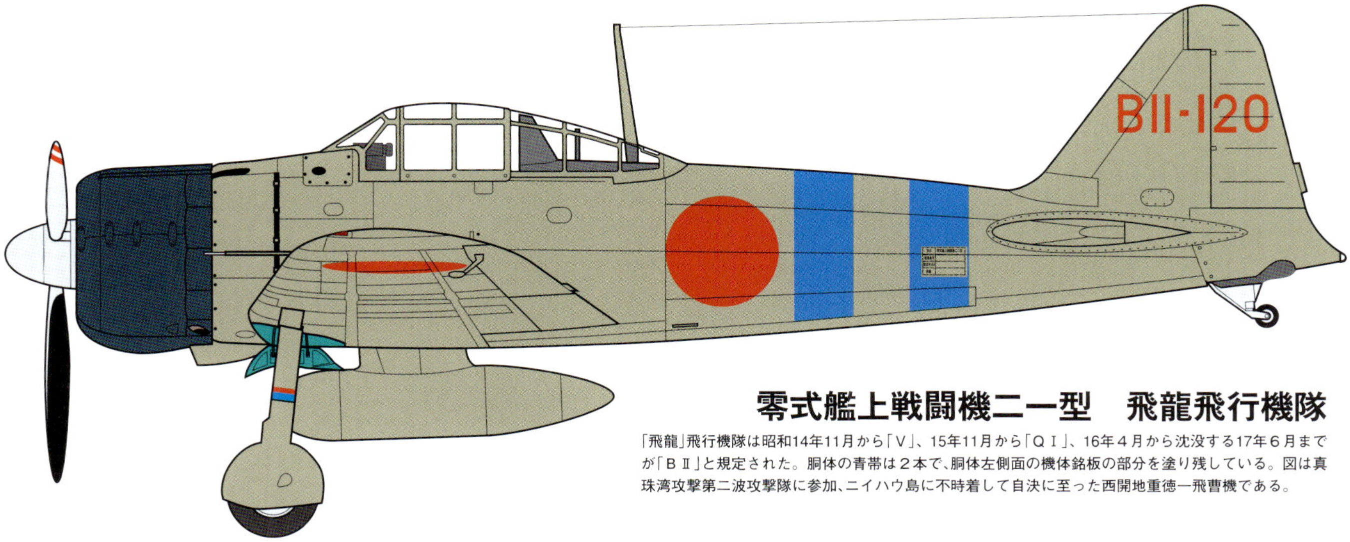

零式艦上戦闘機二一型　飛龍飛行機隊

「飛龍」飛行機隊は昭和14年11月から「Ｖ」、15年11月から「ＱⅠ」、16年４月から沈没する17年６月までが「ＢⅡ」と規定された。胴体の青帯は２本で、胴体左側面の機体銘板の部分を塗り残している。図は真珠湾攻撃第二波攻撃隊に参加、ニイハウ島に不時着して自決に至った西開地重徳一飛曹機である。

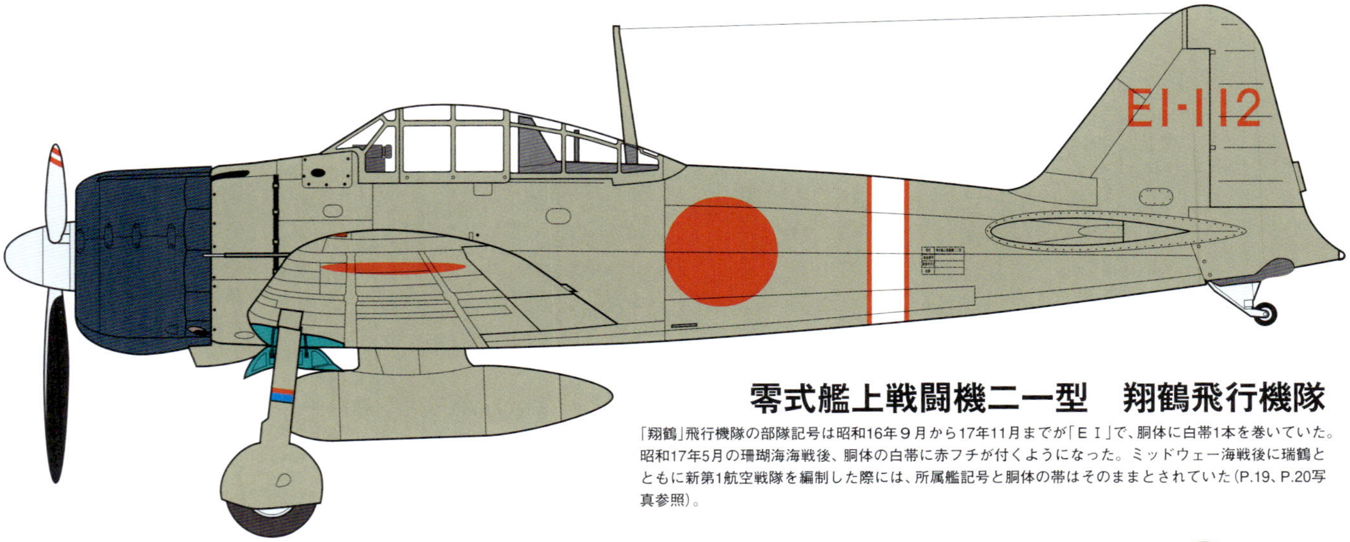

零式艦上戦闘機二一型　翔鶴飛行機隊

「翔鶴」飛行機隊の部隊記号は昭和16年９月から17年11月までが「ＥＩ」で、胴体に白帯1本を巻いていた。昭和17年5月の珊瑚海海戦後、胴体の白帯に赤フチが付くようになった。ミッドウェー海戦後に瑞鶴とともに新第1航空戦隊を編制した際には、所属艦記号と胴体の帯はそのままとされていた（P.19、P.20写真参照）。

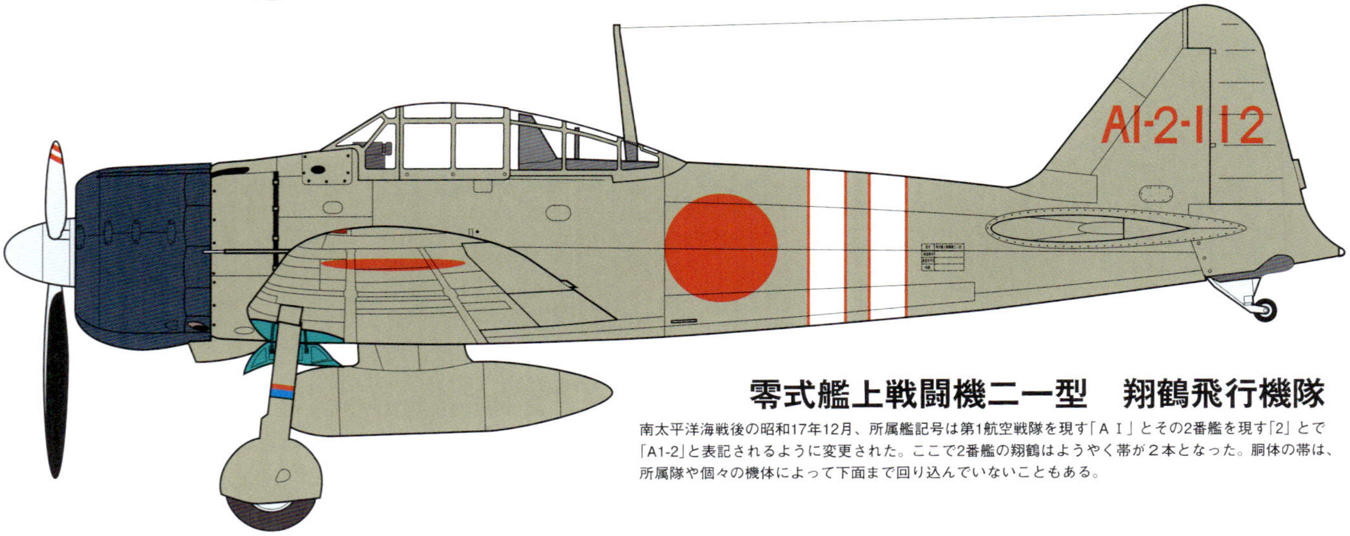

零式艦上戦闘機二一型　翔鶴飛行機隊

南太平洋海戦後の昭和17年12月、所属艦記号は第1航空戦隊を現す「ＡＩ」とその2番艦を現す「2」とで「A1-2」と表記されるように変更された。ここで2番艦の翔鶴はようやく帯が２本となった。胴体の帯は、所属隊や個々の機体によって下面まで回り込んでいないこともある。

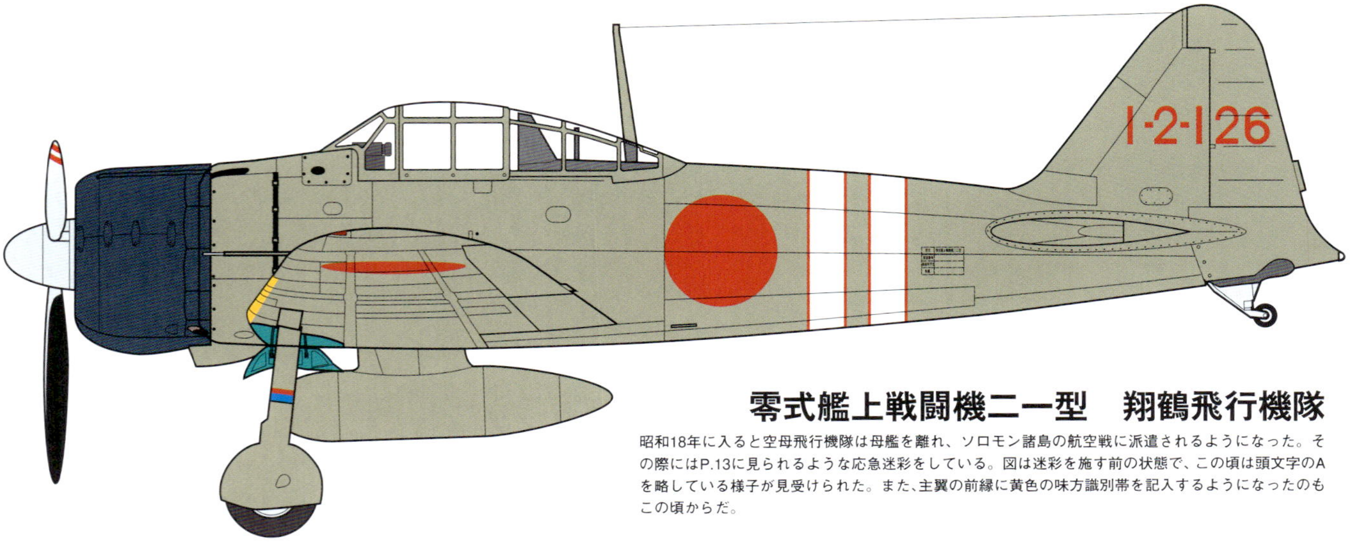

零式艦上戦闘機二一型　翔鶴飛行機隊

昭和18年に入ると空母飛行機隊は母艦を離れ、ソロモン諸島の航空戦に派遣されるようになった。その際にはP.13に見られるような応急迷彩をしている。図は迷彩を施す前の状態で、この頃は頭文字のAを略している様子が見受けられた。また、主翼の前縁に黄色の味方識別帯を記入するようになったのもこの頃からだ。

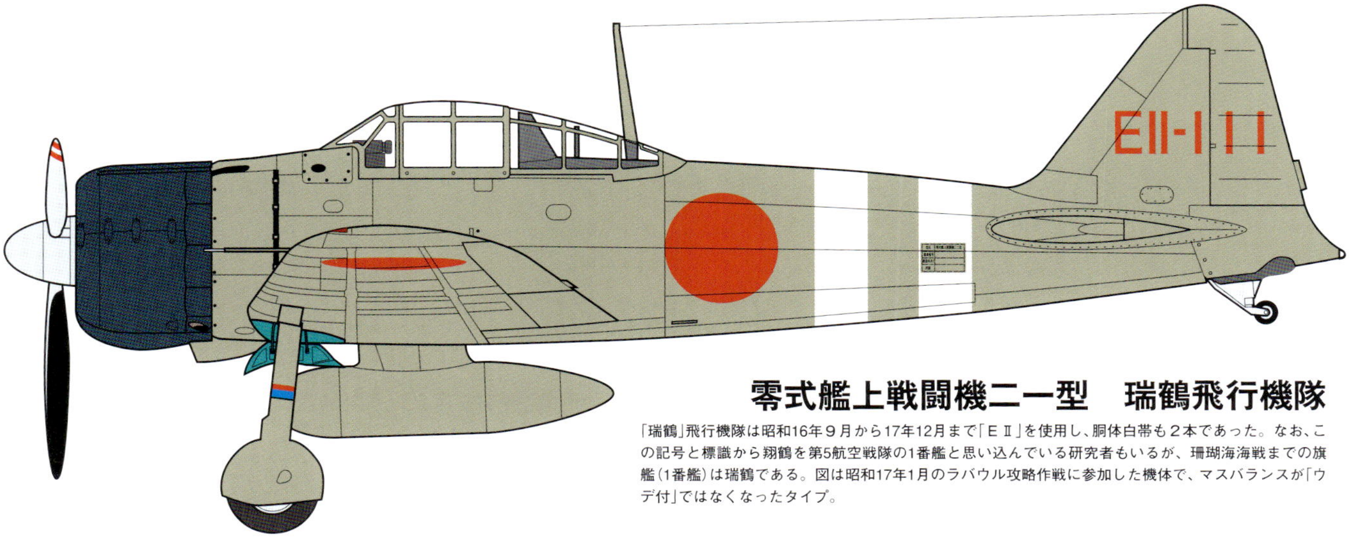

零式艦上戦闘機二一型　瑞鶴飛行機隊

「瑞鶴」飛行機隊は昭和16年９月から17年12月まで「ＥⅡ」を使用し、胴体白帯も２本であった。なお、この記号と標識から翔鶴を第5航空戦隊の1番艦と思い込んでいる研究者もいるが、珊瑚海海戦までの旗艦（1番艦）は瑞鶴である。図は昭和17年1月のラバウル攻略作戦に参加した機体で、マスバランスが「ウデ付」ではなくなったタイプ。

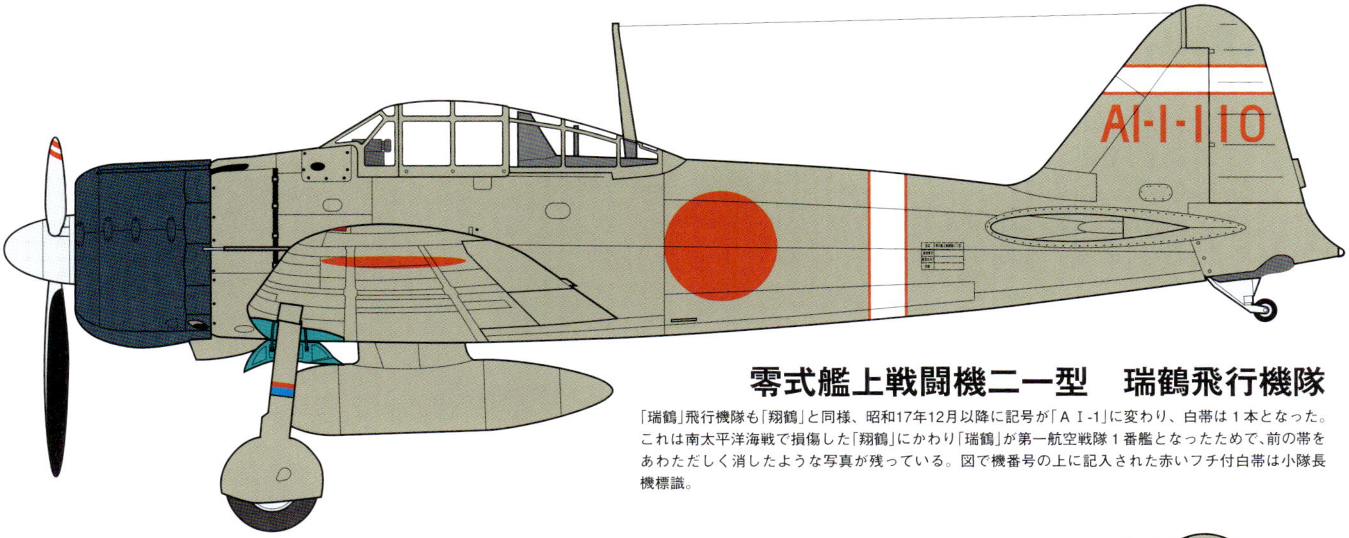

零式艦上戦闘機二一型　瑞鶴飛行機隊

「瑞鶴」飛行機隊も「翔鶴」と同様、昭和17年12月以降に記号が「ＡＩ-1」に変わり、白帯は１本となった。これは南太平洋海戦で損傷した「翔鶴」にかわり「瑞鶴」が第一航空戦隊１番艦となったためで、前の帯をあわただしく消したような写真が残っている。図で機番号の上に記入された赤いフチ付白帯は小隊長機標識。

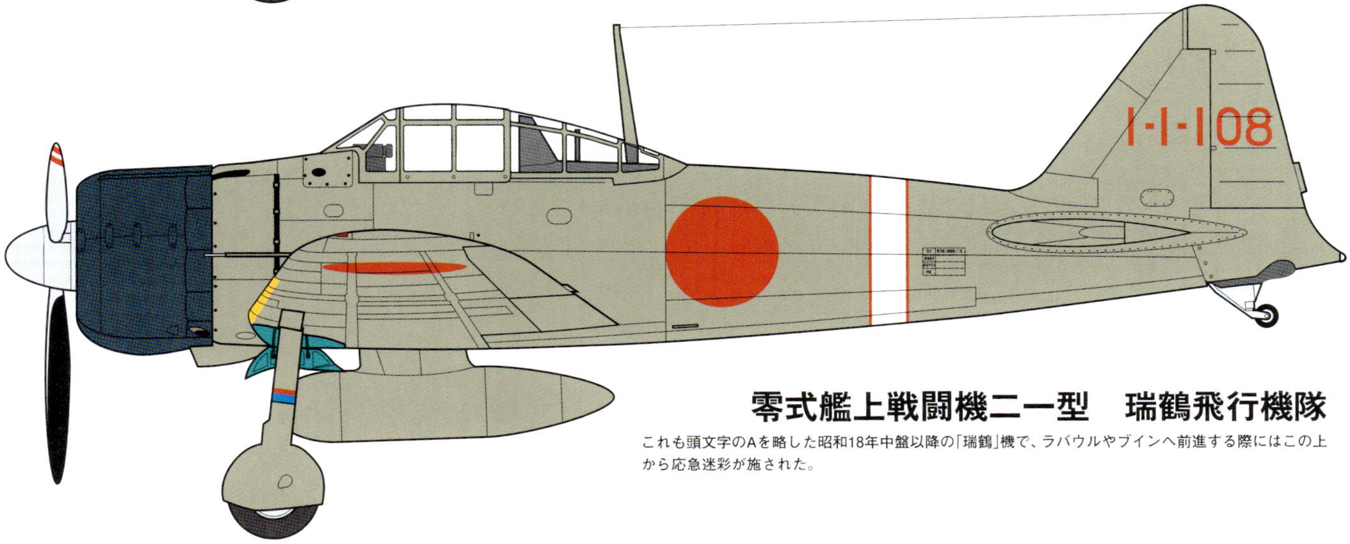

零式艦上戦闘機二一型　瑞鶴飛行機隊

これも頭文字のAを略した昭和18年中盤以降の「瑞鶴」機で、ラバウルやブインへ前進する際にはこの上から応急迷彩が施された。

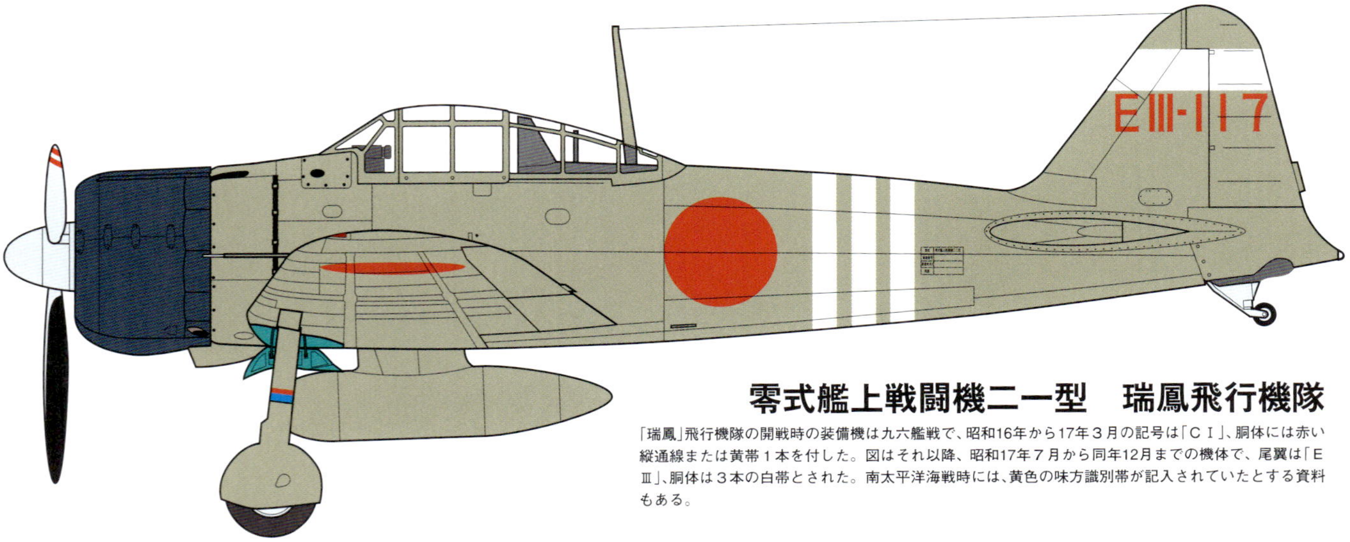

零式艦上戦闘機二一型　瑞鳳飛行機隊

「瑞鳳」飛行機隊の開戦時の装備機は九六艦戦で、昭和16年から17年３月の記号は「ＣＩ」、胴体には赤い縦通線または黄帯１本を付した。図はそれ以降、昭和17年７月から同年12月までの機体で、尾翼は「ＥⅢ」、胴体は３本の白帯とされた。南太平洋海戦時には、黄色の味方識別帯が記入されていたとする資料もある。

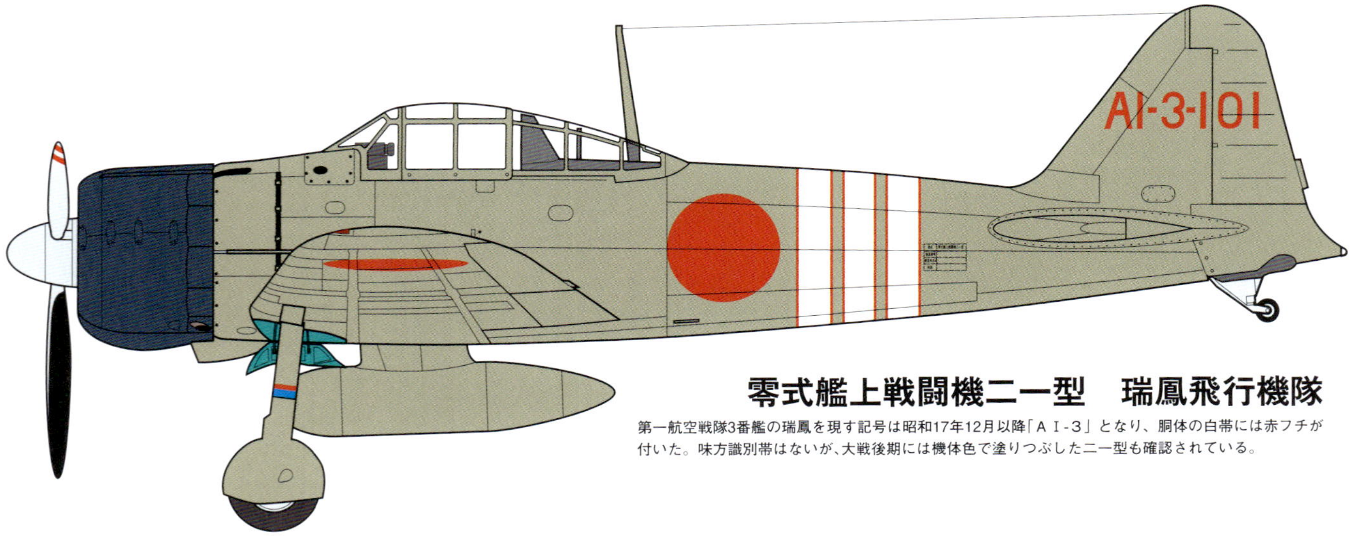

零式艦上戦闘機二一型　瑞鳳飛行機隊

第一航空戦隊3番艦の瑞鳳を現す記号は昭和17年12月以降「ＡＩ-３」となり、胴体の白帯には赤フチが付いた。味方識別帯はないが、大戦後期には機体色で塗りつぶした二一型も確認されている。

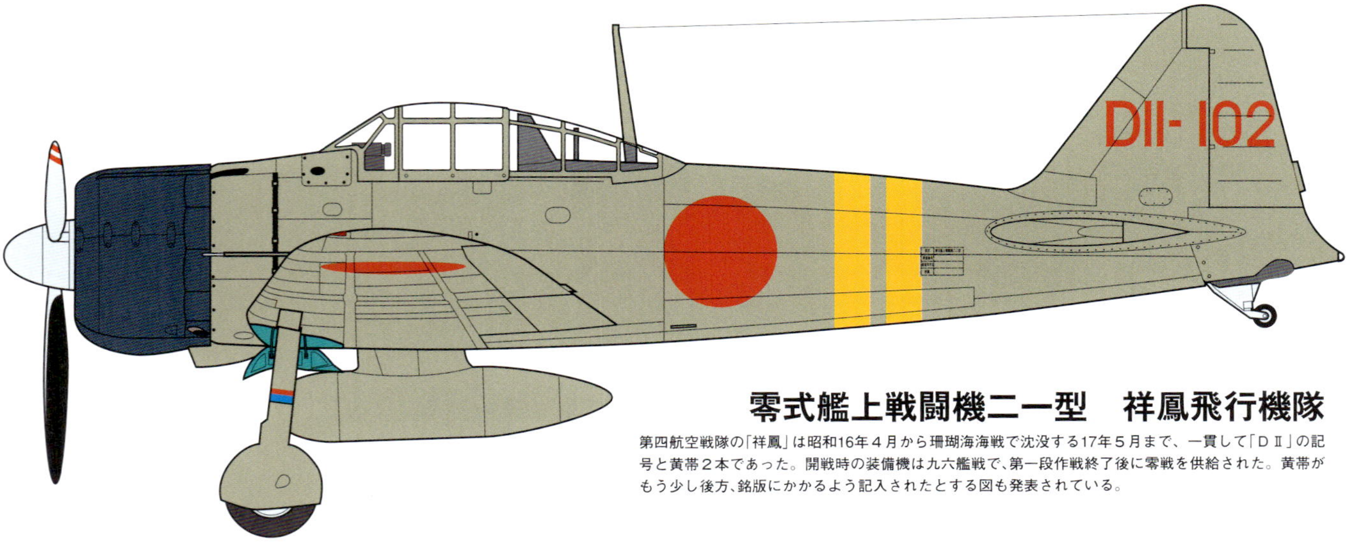

零式艦上戦闘機二一型　祥鳳飛行機隊

第四航空戦隊の「祥鳳」は昭和16年４月から珊瑚海海戦で沈没する17年５月まで、一貫して「ＤⅡ」の記号と黄帯２本であった。開戦時の装備機は九六艦戦で、第一段作戦終了後に零戦を供給された。黄帯がもう少し後方、銘版にかかるよう記入されたとする図も発表されている。

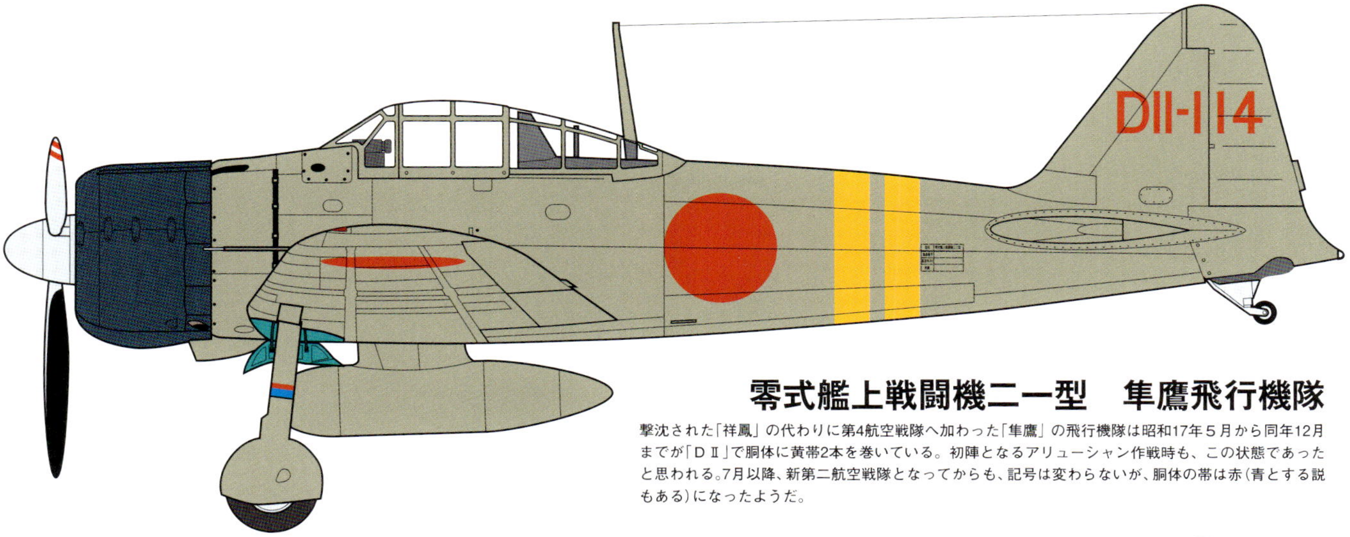

零式艦上戦闘機二一型　隼鷹飛行機隊

撃沈された「祥鳳」の代わりに第4航空戦隊へ加わった「隼鷹」の飛行機隊は昭和17年５月から同年12月までが「ＤⅡ」で胴体に黄帯2本を巻いている。初陣となるアリューシャン作戦時も、この状態であったと思われる。7月以降、新第二航空戦隊となってからも、記号は変わらないが、胴体の帯は赤（青とする説もある）になったようだ。

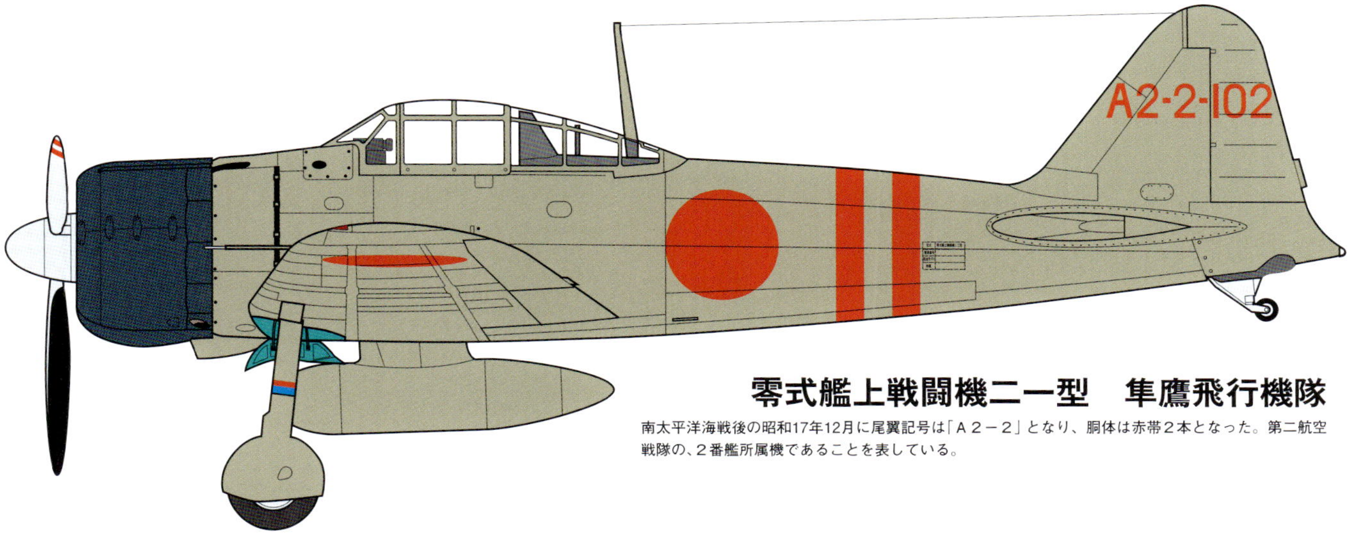

零式艦上戦闘機二一型　隼鷹飛行機隊

南太平洋海戦後の昭和17年12月に尾翼記号は「Ａ２－２」となり、胴体は赤帯２本となった。第二航空戦隊の、２番艦所属機であることを表している。

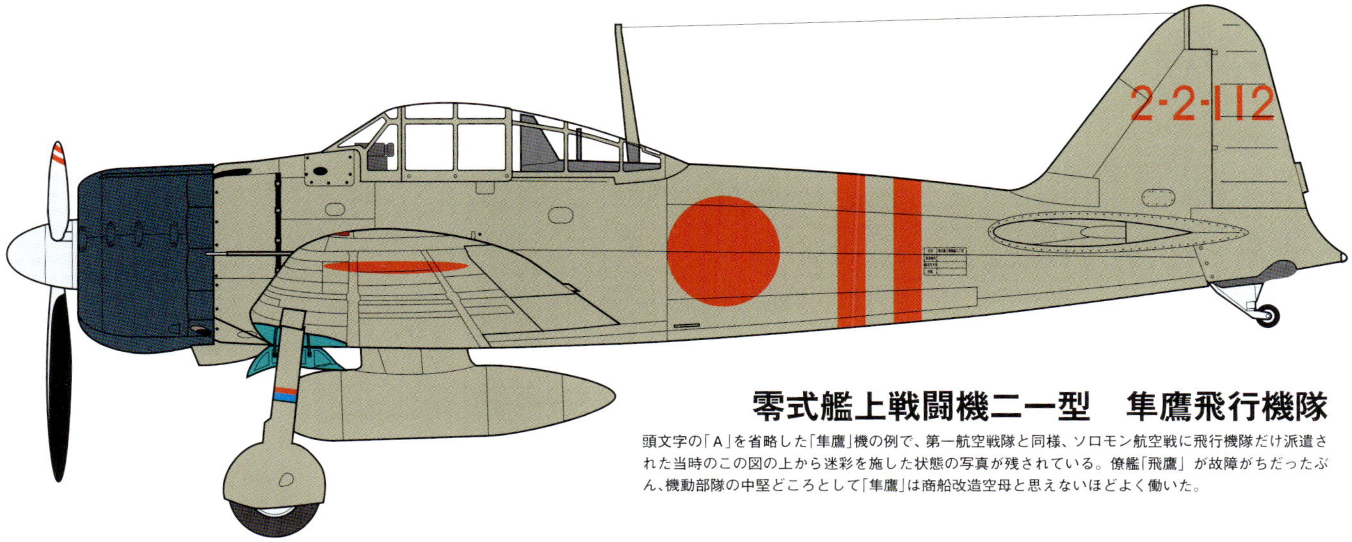

零式艦上戦闘機二一型　隼鷹飛行機隊

頭文字の「Ａ」を省略した「隼鷹」機の例で、第一航空戦隊と同様、ソロモン航空戦に飛行機隊だけ派遣された当時のこの図の上から迷彩を施した状態の写真が残されている。僚艦「飛鷹」が故障がちだったぶん、機動部隊の中堅どころとして「隼鷹」は商船改造空母と思えないほどよく働いた。

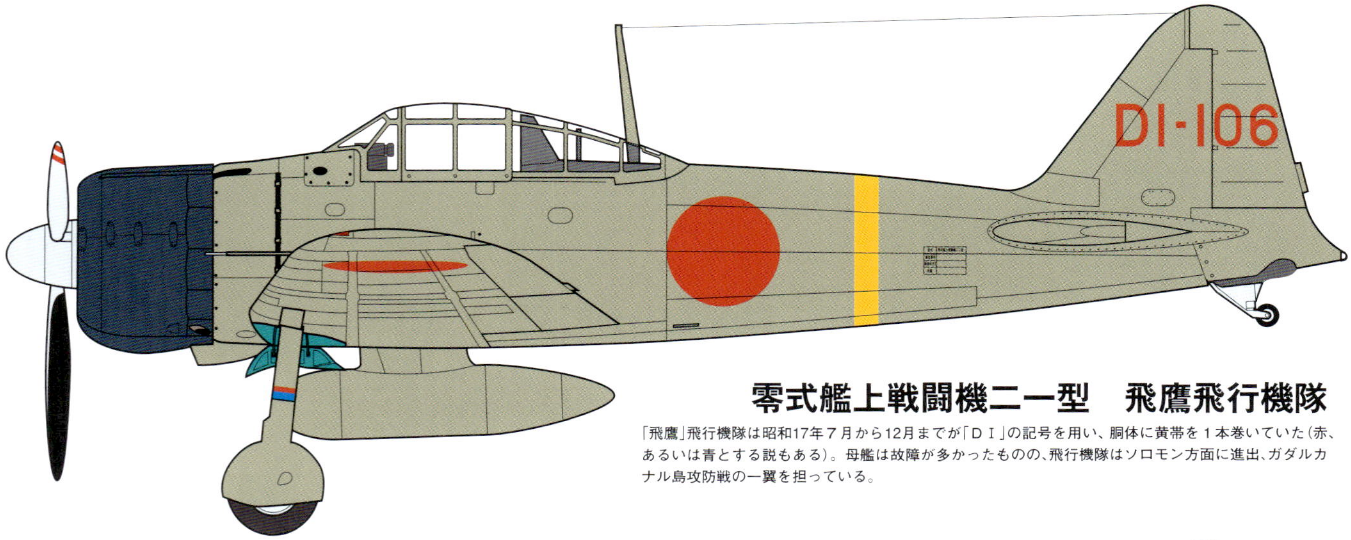

零式艦上戦闘機二一型　飛鷹飛行機隊

「飛鷹」飛行機隊は昭和17年７月から12月までが「ＤＩ」の記号を用い、胴体に黄帯を１本巻いていた（赤、あるいは青とする説もある）。母艦は故障が多かったものの、飛行機隊はソロモン方面に進出、ガダルカナル島攻防戦の一翼を担っている。

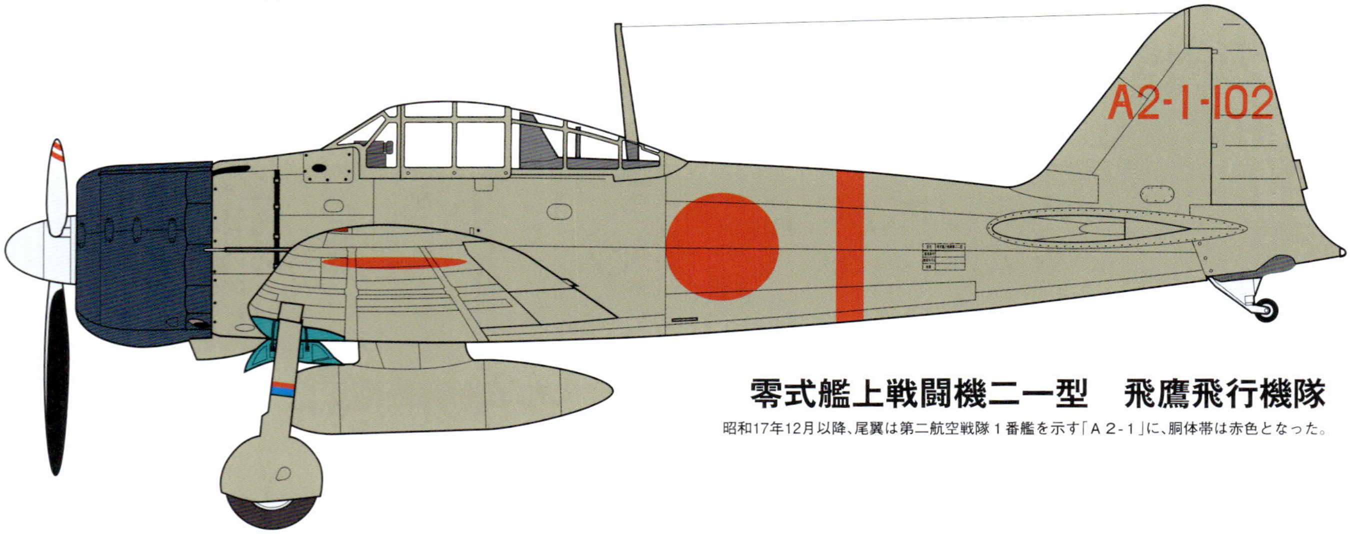

零式艦上戦闘機二一型　飛鷹飛行機隊

昭和17年12月以降、尾翼は第二航空戦隊１番艦を示す「Ａ２-１」に、胴体帯は赤色となった。

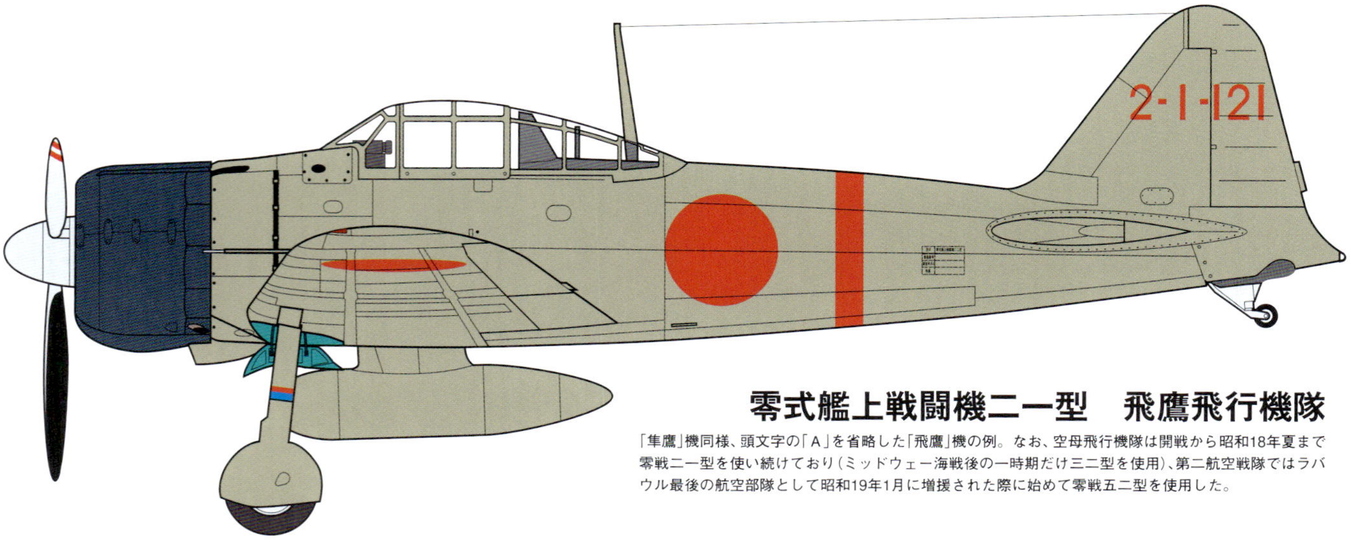

零式艦上戦闘機二一型　飛鷹飛行機隊

「隼鷹」機同様、頭文字の「Ａ」を省略した「飛鷹」機の例。なお、空母飛行機隊は開戦から昭和18年夏まで零戦二一型を使い続けており（ミッドウェー海戦後の一時期だけ三二型を使用）、第二航空戦隊ではラバウル最後の航空部隊として昭和19年1月に増援された際に始めて零戦五二型を使用した。

（右写真）昭和16年11月、ハワイ作戦真珠湾攻撃のため択捉島単冠湾に入泊した空母「赤城」艦上で繋止される零戦二一型。主脚カバーに記入された「56」から「AⅠ-156」号機であることがわかる。胴体には第1航空戦隊1番艦「赤城」所属機を現す赤帯1本が太く記入され、遠目にも目をひく。向かって右側の主翼下面に突き出している音符のようなパーツが「ウデ付」といわれた突出式マスバランス。

（下写真）昭和17年にセレベス島ケンダリーへ進出してきた第2航空戦隊空母「飛龍」の零戦二一型。中央の「BⅠ-185」号機のいる1列がそれで、その左右に駐機するのは第3航空隊の九八式陸上偵察機と零戦。露天駐機のため、エンジンカウリングから操縦席部分にかけてカバーがかけられている。

3. 基地航空隊の零戦

帝国海軍は空母のみならず、日本領土の沿岸各地に配置された地上基地にも多数の零戦を配備。これらの基地航空隊も海軍の精鋭部隊として活躍した。本項では、これら基地航空隊によって運用された機体の数々を紹介する。こちらの機体たちも太平洋戦争開戦当初の飴色の塗装が美しい機体ばかりである

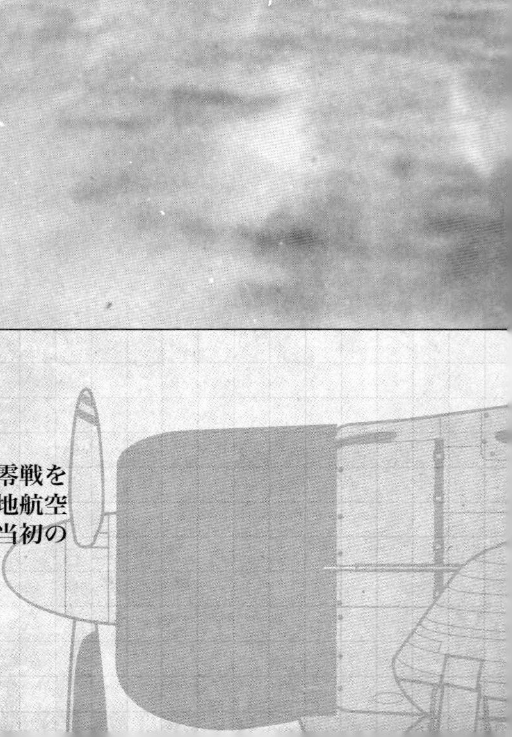

3-166
3-167
3-170
3-112
3-138
9-182

基地航空隊の零戦の部隊記号は？

日本海軍において、空母飛行機隊とともに航空兵力の主軸となったのが基地航空隊であった。昭和15年7月、十二試艦上戦闘機が「零式艦上戦闘機」と制式化された際に初めてこれを供給された実戦部隊は、中国大陸での航空戦を行なっていた基地航空隊の第12航空隊だ。以後、零戦は第14航空隊にも装備され、この2隊での実戦経験を積みながら実用実験を行ない、熟成されていく。それぞれ部隊記号は九六艦戦以来の使用例にならった「3」と「4」であった。

昭和16年12月に太平洋戦争が始まった時に零戦を装備していた航空隊は台南海軍航空隊と第3航空隊、そしてこの両隊から兵力を抽出して急遽編成された第22航空戦隊司令部附戦闘機隊の3隊だけで、次に千歳航空隊と新編成の第2航空隊、第4航空隊、第6航空隊へと供給され、新編成の22航戦附戦闘機隊を基幹として鹿屋航空隊戦闘機隊が編成されるなど順次拡張されていった。このうち、台南空など地名を冠した部隊は海軍航空隊として常設のもの、2空など番号で称される部隊は特設航空隊と分類される組織である。昭和17年11月に航空隊令が改訂されるまでは各部隊ともアルファベットひと文字で所属部隊を現した。

この他、零戦は海軍航空隊の総本山とも称された横須賀航空隊や本土防空のために編成された呉（くれ）航空隊戦闘機隊などで装備されていたが、これらは後述する練習航空隊などと同様、頭文字をカタカナで記入していたおり、大戦末期に零戦を装備した中支航空隊では漢字を使用するなどバリエーションに富んだパターンを見せた。

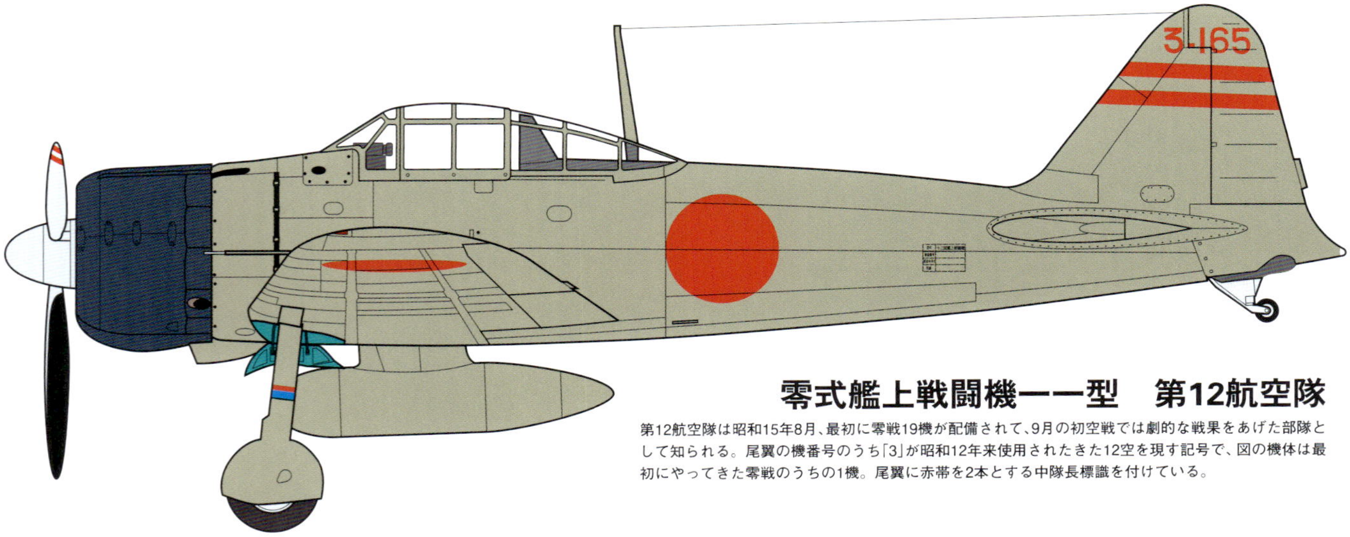

零式艦上戦闘機一一型　第12航空隊

第12航空隊は昭和15年8月、最初に零戦19機が配備されて、9月の初空戦では劇的な戦果をあげた部隊として知られる。尾翼の機番号のうち「3」が昭和12年来使用されたきた12空を現す記号で、図の機体は最初にやってきた零戦のうちの1機。尾翼に赤帯を2本とする中隊長標識を付けている。

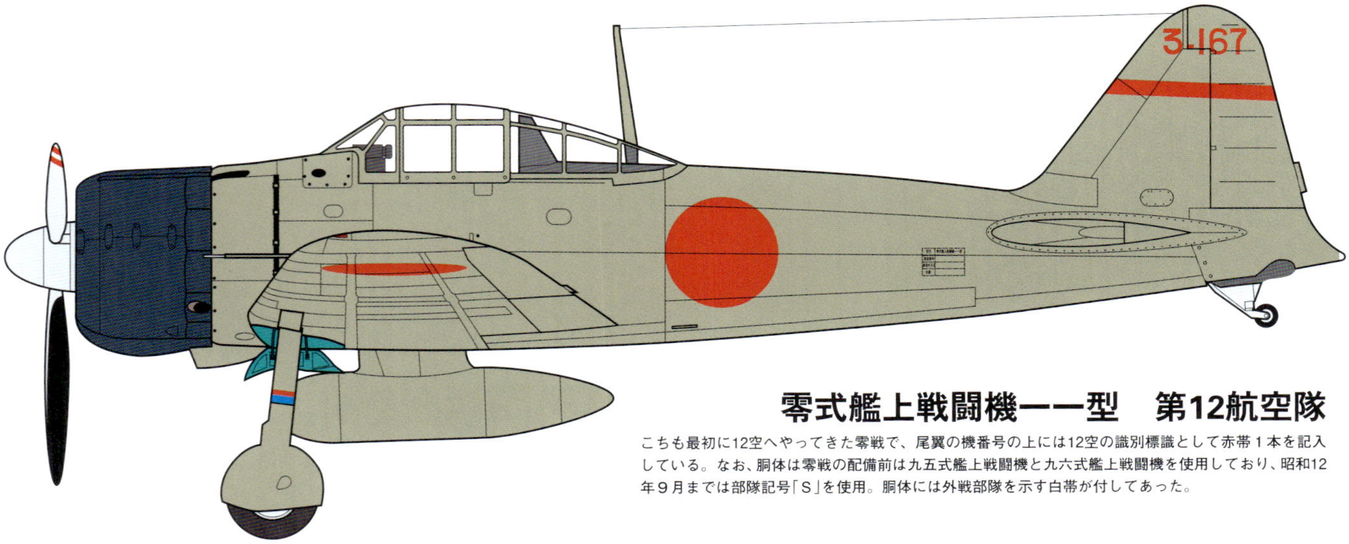

零式艦上戦闘機一一型　第12航空隊

こちも最初に12空へやってきた零戦で、尾翼の機番号の上には12空の識別標識として赤帯１本を記入している。なお、胴体は零戦の配備前は九五式艦上戦闘機と九六式艦上戦闘機を使用しており、昭和12年９月までは部隊記号「S」を使用。胴体には外戦部隊を示す白帯が付してあった。

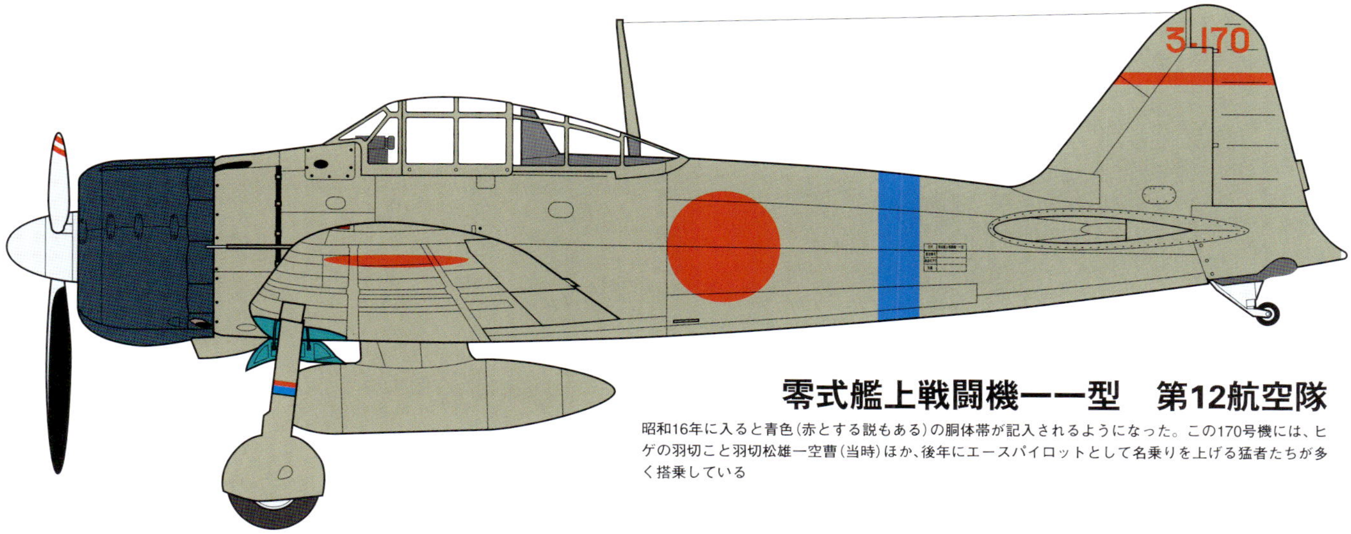

零式艦上戦闘機一一型　第12航空隊

昭和16年に入ると青色(赤とする説もある)の胴体帯が記入されるようになった。この170号機には、ヒゲの羽切こと羽切松雄一空曹(当時)ほか、後年にエースパイロットとして名乗りを上げる猛者たちが多く搭乗している

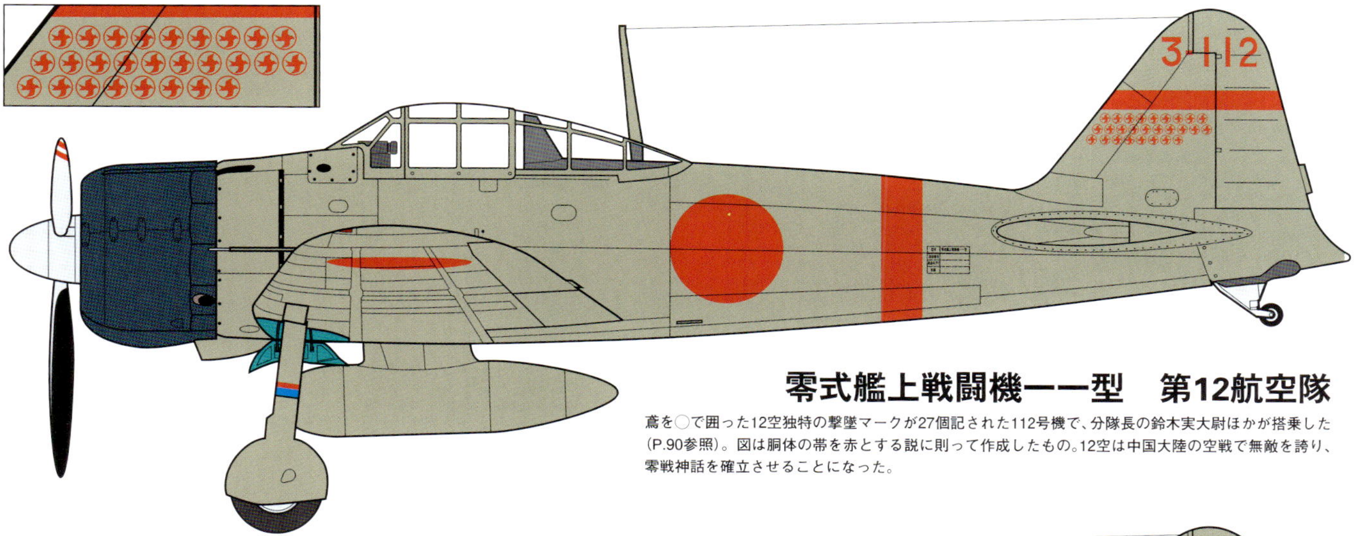

零式艦上戦闘機一一型　第12航空隊

鳶を○で囲った12空独特の撃墜マークが27個記された112号機で、分隊長の鈴木実大尉ほかが搭乗した(P.90参照)。図は胴体の帯を赤とする説に則って作成したもの。12空は中国大陸の空戦で無敵を誇り、零戦神話を確立させることになった。

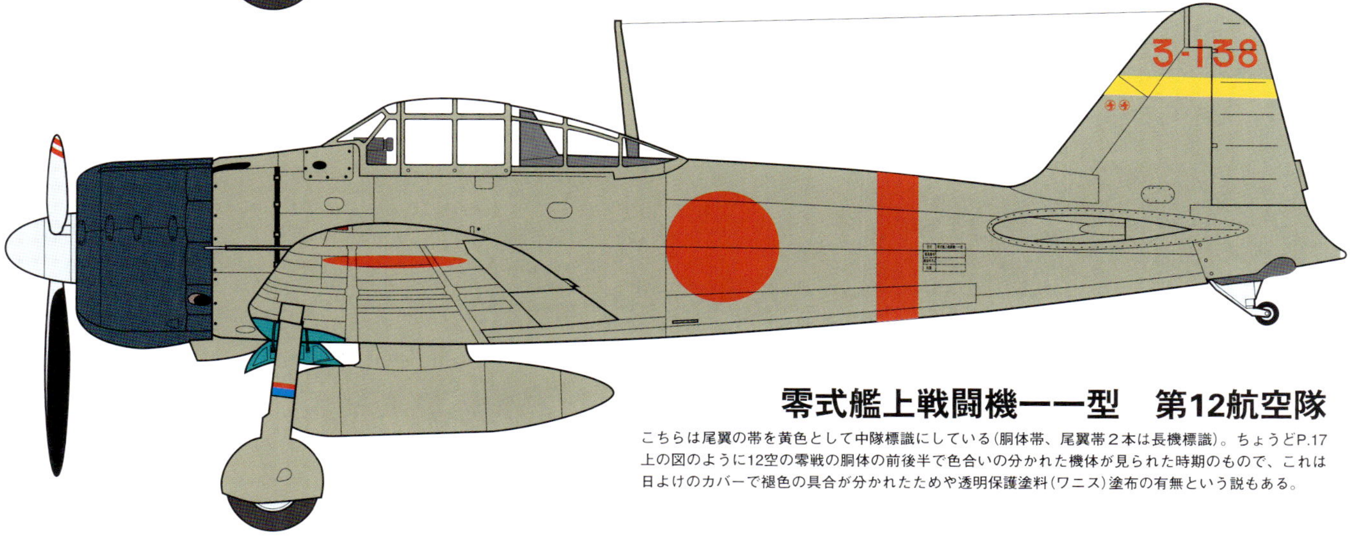

零式艦上戦闘機一一型　第12航空隊

こちらは尾翼の帯を黄色として中隊標識にしている(胴体帯、尾翼帯２本は長機標識)。ちょうどP.17上の図のように12空の零戦の胴体の前後半で色合いの分かれた機体が見られた時期のもので、これは日よけのカバーで褪色の具合が分かれたためや透明保護塗料(ワニス)塗布の有無という説もある。

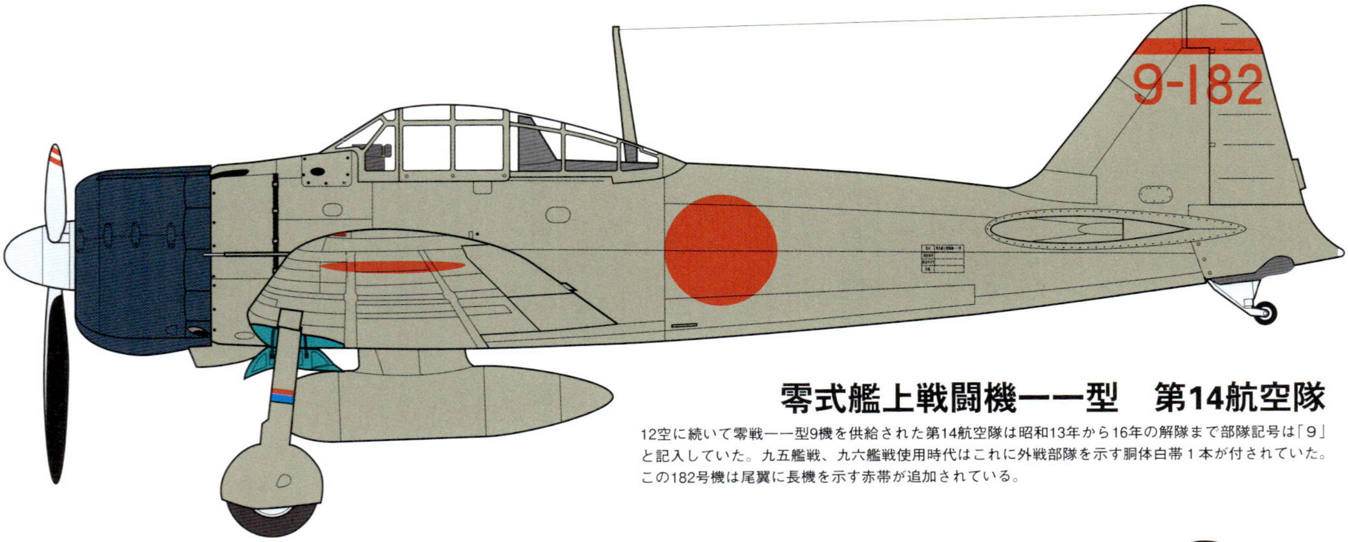

零式艦上戦闘機一一型　第14航空隊

12空に続いて零戦一一型9機を供給された第14航空隊は昭和13年から16年の解隊まで部隊記号は「9」と記入していた。九五艦戦、九六艦戦使用時代はこれに外戦部隊を示す胴体白帯１本が付されていた。この182号機は尾翼に長機を示す赤帯が追加されている。

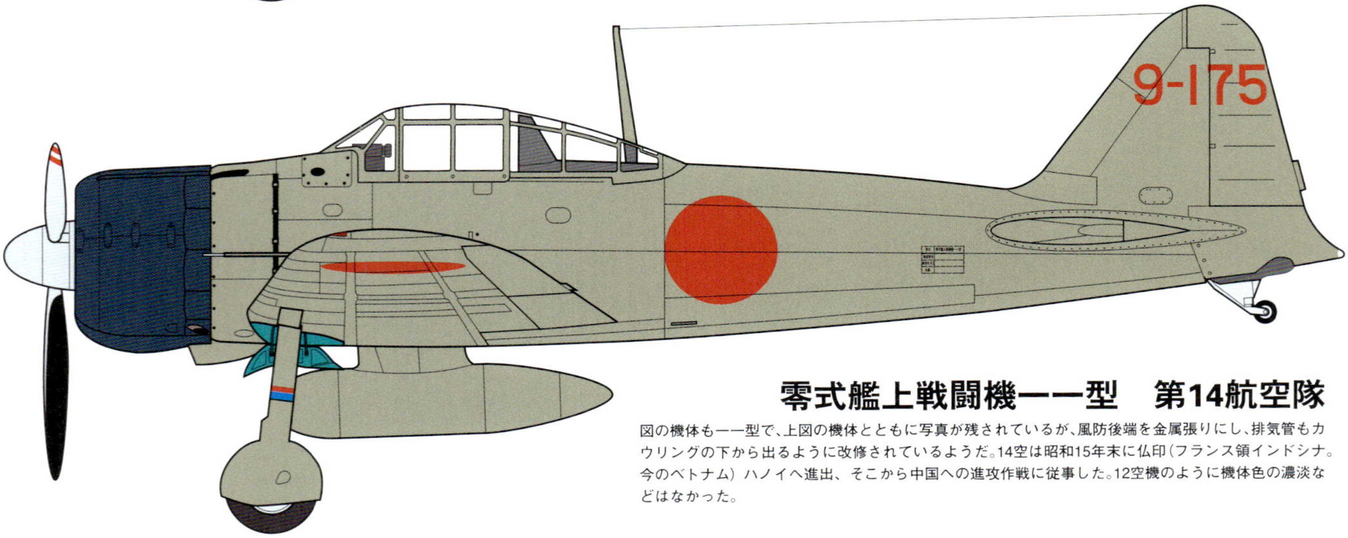

零式艦上戦闘機一一型　第14航空隊

図の機体も一一型で、上図の機体とともに写真が残されているが、風防後端を金属張りにし、排気管もカウリングの下から出るように改修されているようだ。14空は昭和15年末に仏印（フランス領インドシナ。今のベトナム）ハノイへ進出、そこから中国への進攻作戦に従事した。12空機のように機体色の濃淡などはなかった。

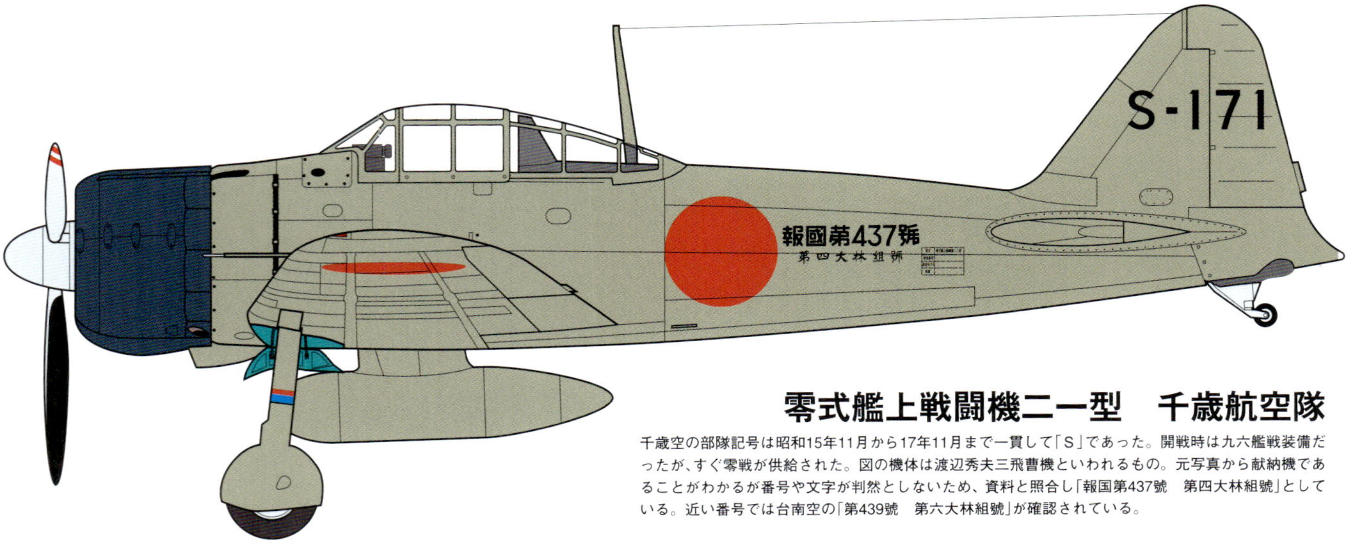

零式艦上戦闘機二一型　千歳航空隊

千歳空の部隊記号は昭和15年11月から17年11月まで一貫して「S」であった。開戦時は九六艦戦装備だったが、すぐ零戦が供給された。図の機体は渡辺秀夫三飛曹機といわれるもの。元写真から献納機であることがわかるが番号や文字が判然としないため、資料と照合し「報国第437號　第四大林組號」としている。近い番号では台南空の「第439號　第六大林組號」が確認されている。

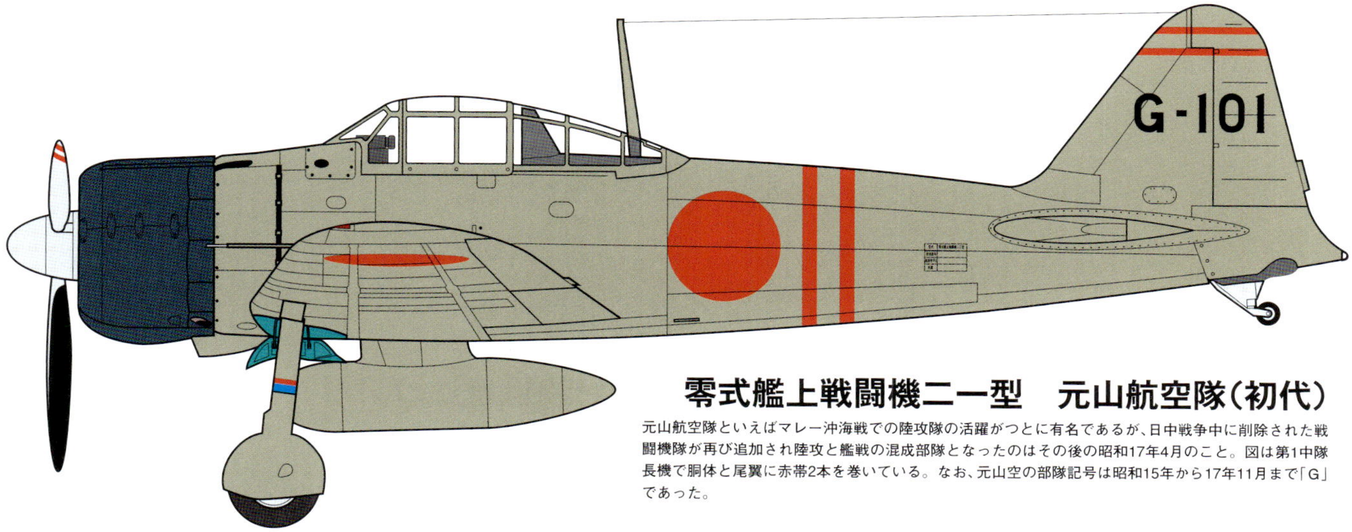

零式艦上戦闘機二一型　元山航空隊(初代)

元山航空隊といえばマレー沖海戦での陸攻隊の活躍がつとに有名であるが、日中戦争中に削除された戦闘機隊が再び追加され陸攻と艦戦の混成部隊となったのはその後の昭和17年4月のこと。図は第1中隊長機で胴体と尾翼に赤帯2本を巻いている。なお、元山空の部隊記号は昭和15年から17年11月まで「G」であった。

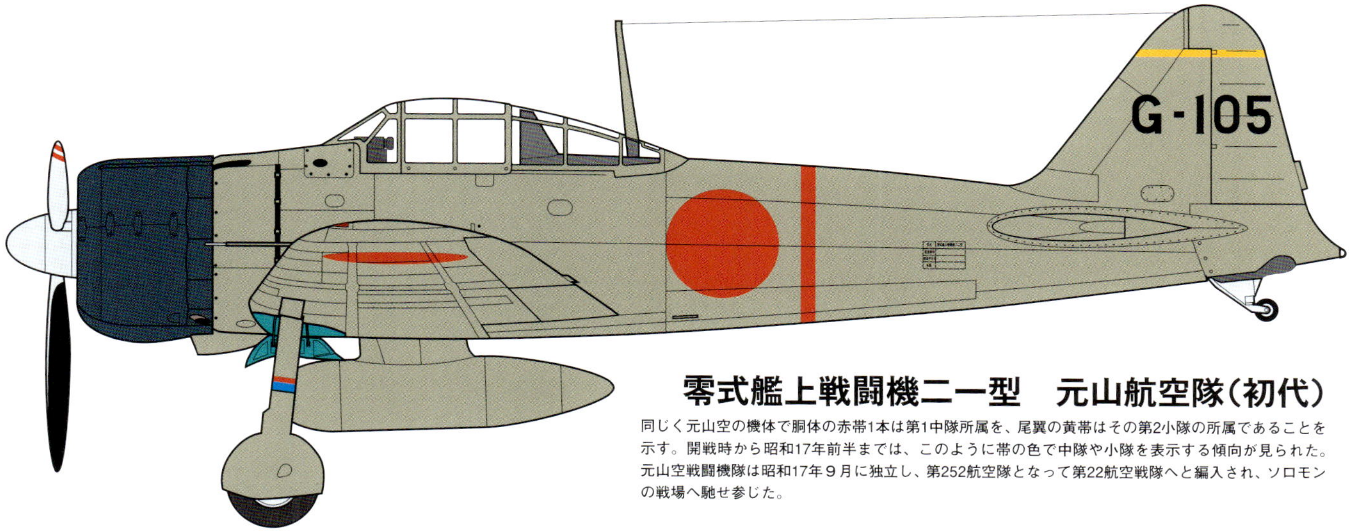

零式艦上戦闘機二一型　元山航空隊(初代)

同じく元山空の機体で胴体の赤帯1本は第1中隊所属を、尾翼の黄帯はその第2小隊の所属であることを示す。開戦時から昭和17年前半までは、このように帯の色で中隊や小隊を表示する傾向が見られた。元山空戦闘機隊は昭和17年９月に独立し、第252航空隊となって第22航空戦隊へと編入され、ソロモンの戦場へ馳せ参じた。

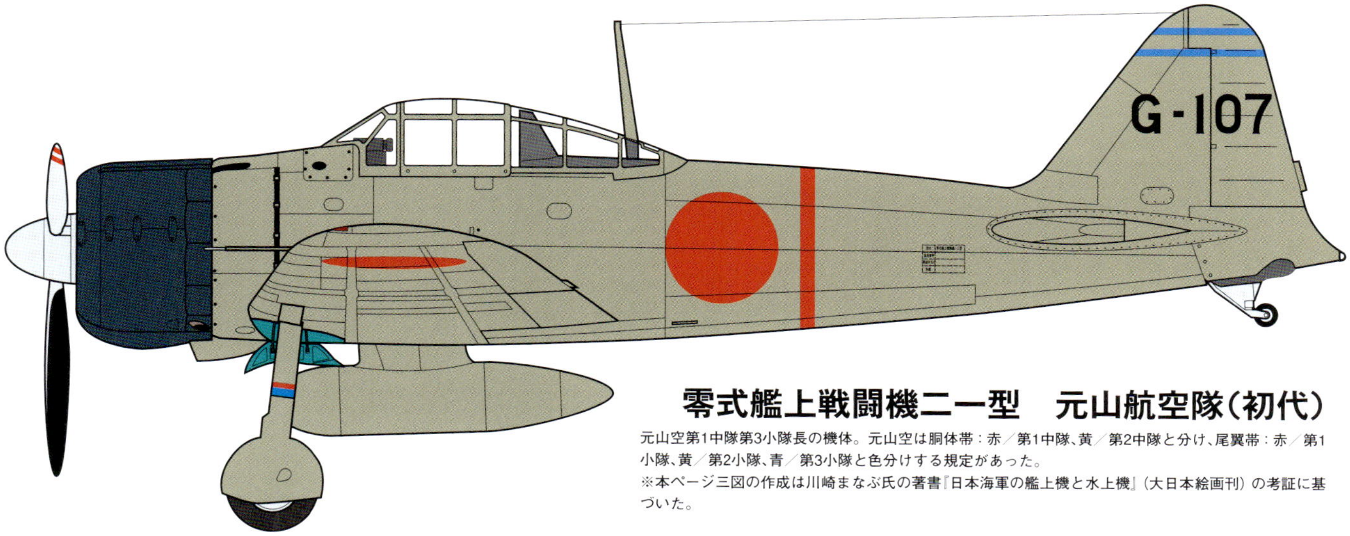

零式艦上戦闘機二一型　元山航空隊(初代)

元山空第1中隊第3小隊長の機体。元山空は胴体帯：赤／第1中隊、黄／第2中隊と分け、尾翼帯：赤／第1小隊、黄／第2小隊、青／第3小隊と色分けする規定があった。
※本ページ三図の作成は川崎まなぶ氏の著書『日本海軍の艦上機と水上機』（大日本絵画刊）の考証に基づいた。

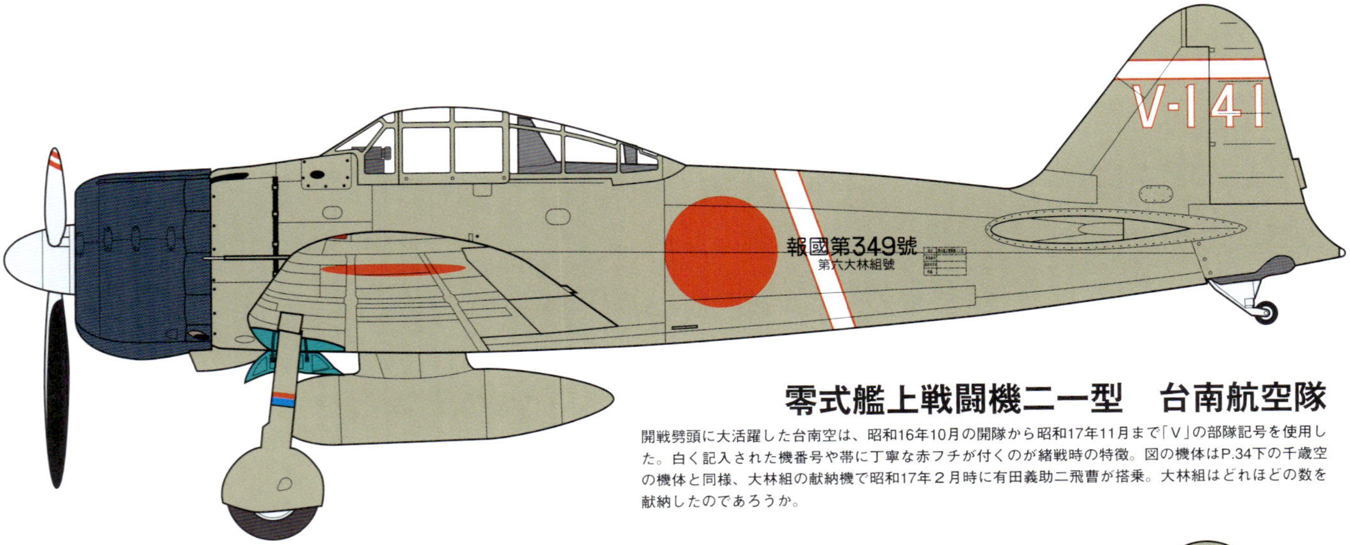

零式艦上戦闘機二一型　台南航空隊

開戦劈頭に大活躍した台南空は、昭和16年10月の開隊から昭和17年11月まで「V」の部隊記号を使用した。白く記入された機番号や帯に丁寧な赤フチが付くのが緒戦時の特徴。図の機体はP.34下の千歳空の機体と同様、大林組の献納機で昭和17年２月時に有田義助二飛曹が搭乗。大林組はどれほどの数を献納したのであろうか。

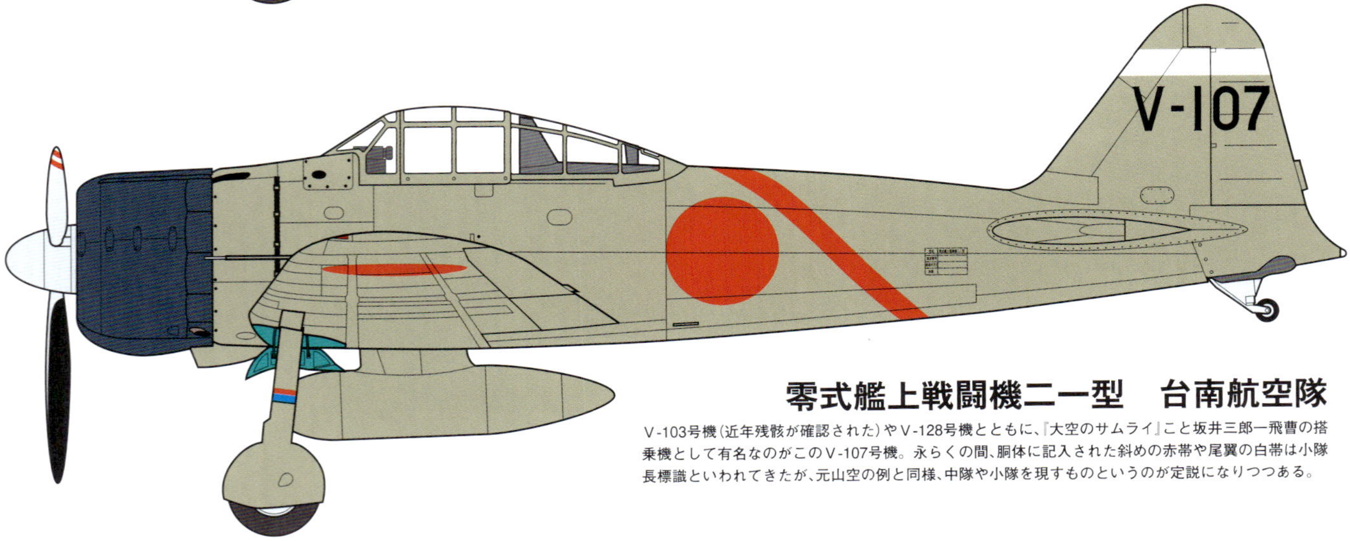

零式艦上戦闘機二一型　台南航空隊

V-103号機（近年残骸が確認された）やV-128号機とともに、『大空のサムライ』こと坂井三郎一飛曹の搭乗機として有名なのがこのV-107号機。永らくの間、胴体に記入された斜めの赤帯や尾翼の白帯は小隊長標識といわれてきたが、元山空の例と同様、中隊や小隊を現すものというのが定説になりつつある。

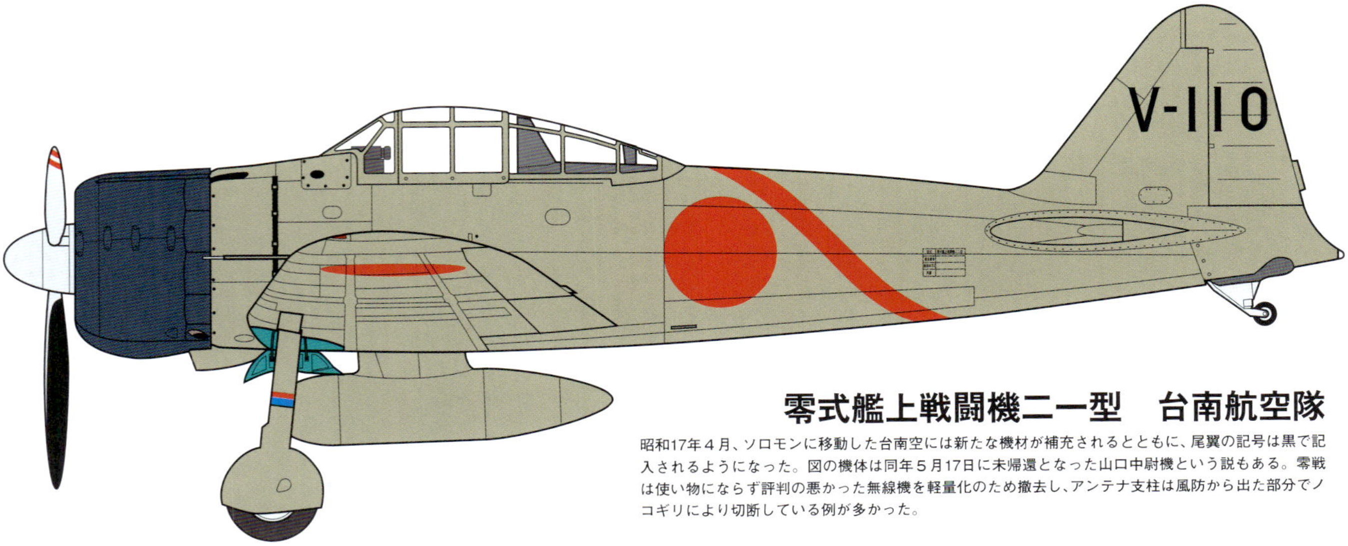

零式艦上戦闘機二一型　台南航空隊

昭和17年４月、ソロモンに移動した台南空には新たな機材が補充されるとともに、尾翼の記号は黒で記入されるようになった。図の機体は同年５月17日に未帰還となった山口中尉機という説もある。零戦は使い物にならず評判の悪かった無線機を軽量化のため撤去し、アンテナ支柱は風防から出た部分でノコギリにより切断している例が多かった。

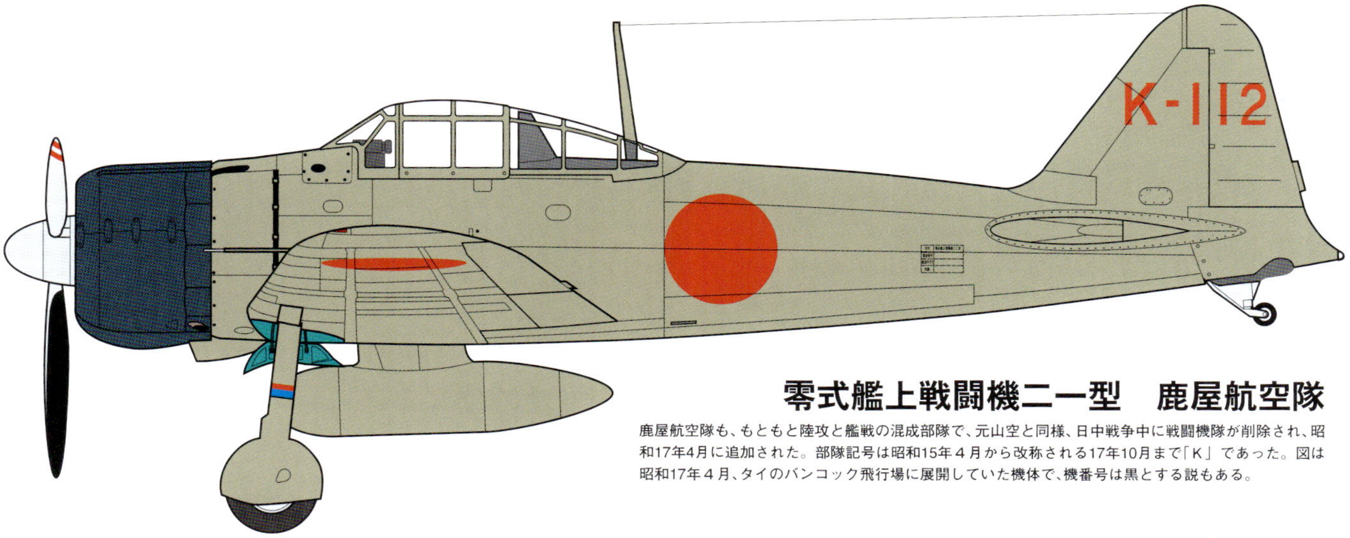

零式艦上戦闘機二一型　鹿屋航空隊

鹿屋航空隊も、もともと陸攻と艦戦の混成部隊で、元山空と同様、日中戦争中に戦闘機隊が削除され、昭和17年4月に追加された。部隊記号は昭和15年４月から改称される17年10月まで「K」であった。図は昭和17年４月、タイのバンコック飛行場に展開していた機体で、機番号は黒とする説もある。

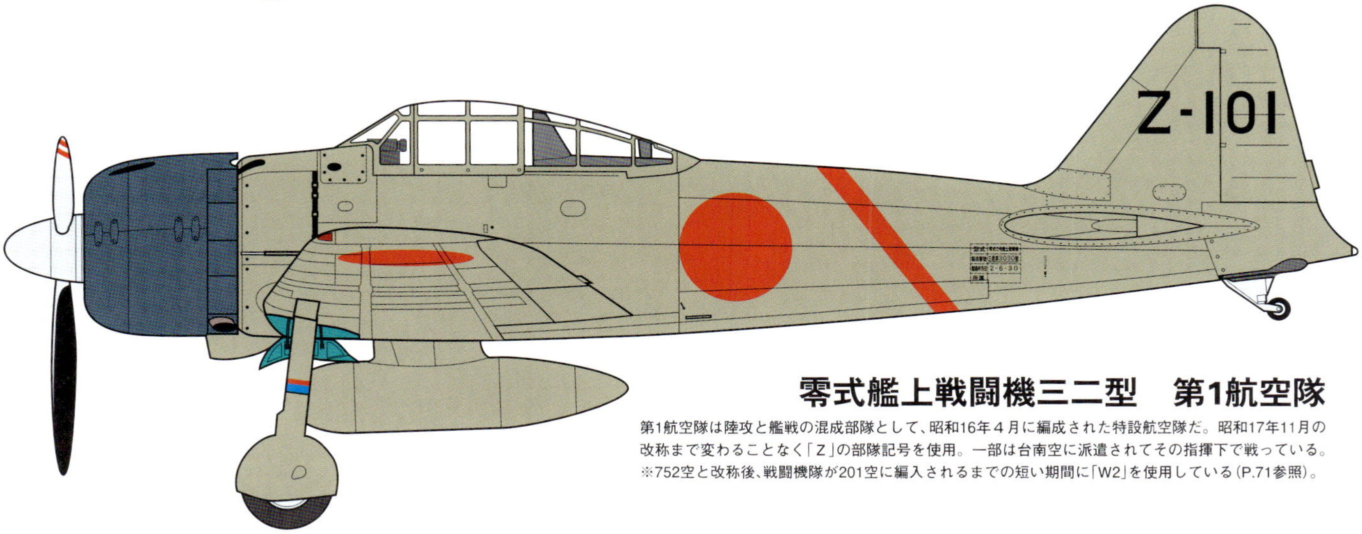

零式艦上戦闘機三二型　第1航空隊

第1航空隊は陸攻と艦戦の混成部隊として、昭和16年４月に編成された特設航空隊だ。昭和17年11月の改称まで変わることなく「Z」の部隊記号を使用。一部は台南空に派遣されてその指揮下で戦っている。※752空と改称後、戦闘機隊が201空に編入されるまでの短い期間に「W2」を使用している（P.71参照）。

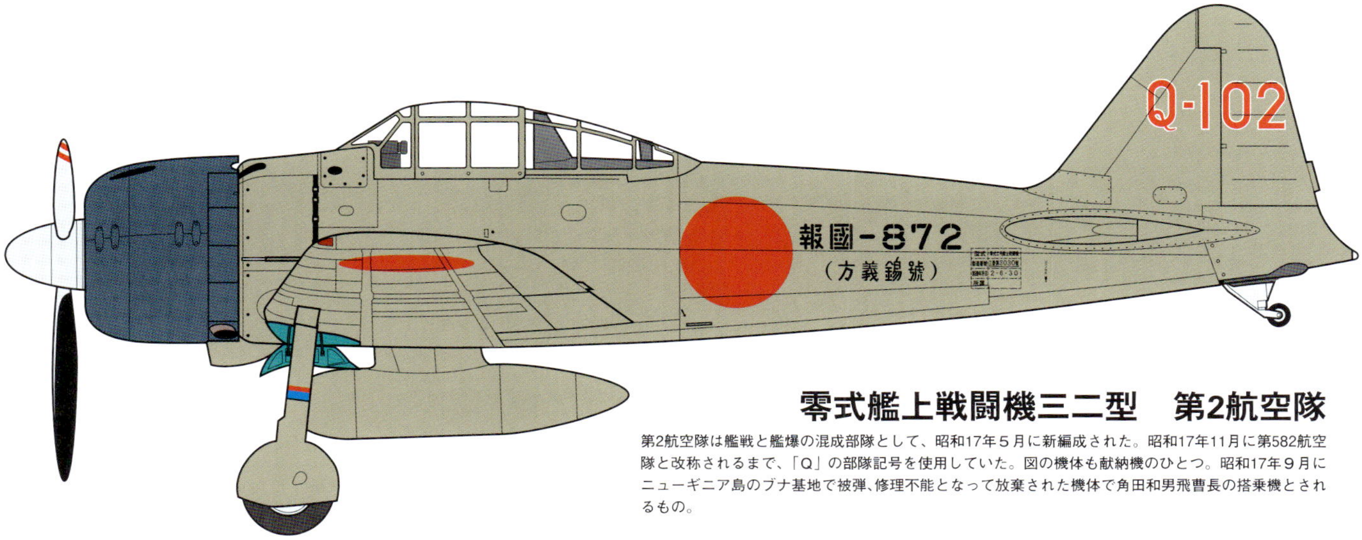

零式艦上戦闘機三二型　第2航空隊

第2航空隊は艦戦と艦爆の混成部隊として、昭和17年５月に新編成された。昭和17年11月に第582航空隊と改称されるまで、「Q」の部隊記号を使用していた。図の機体も献納機のひとつ。昭和17年９月にニューギニア島のブナ基地で被弾、修理不能となって放棄された機体で角田和男飛曹長の搭乗機とされるもの。

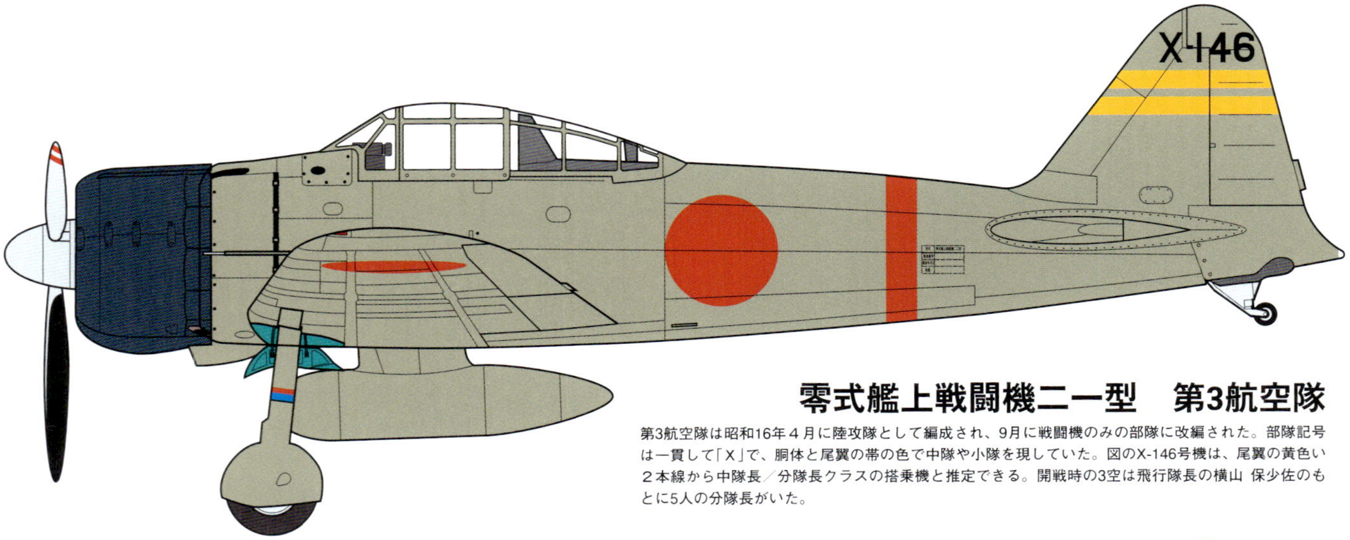

零式艦上戦闘機二一型　第3航空隊

第3航空隊は昭和16年４月に陸攻隊として編成され、9月に戦闘機のみの部隊に改編された。部隊記号は一貫して「Ｘ」で、胴体と尾翼の帯の色で中隊や小隊を現していた。図のX-146号機は、尾翼の黄色い２本線から中隊長／分隊長クラスの搭乗機と推定できる。開戦時の3空は飛行隊長の横山 保少佐のもとに5人の分隊長がいた。

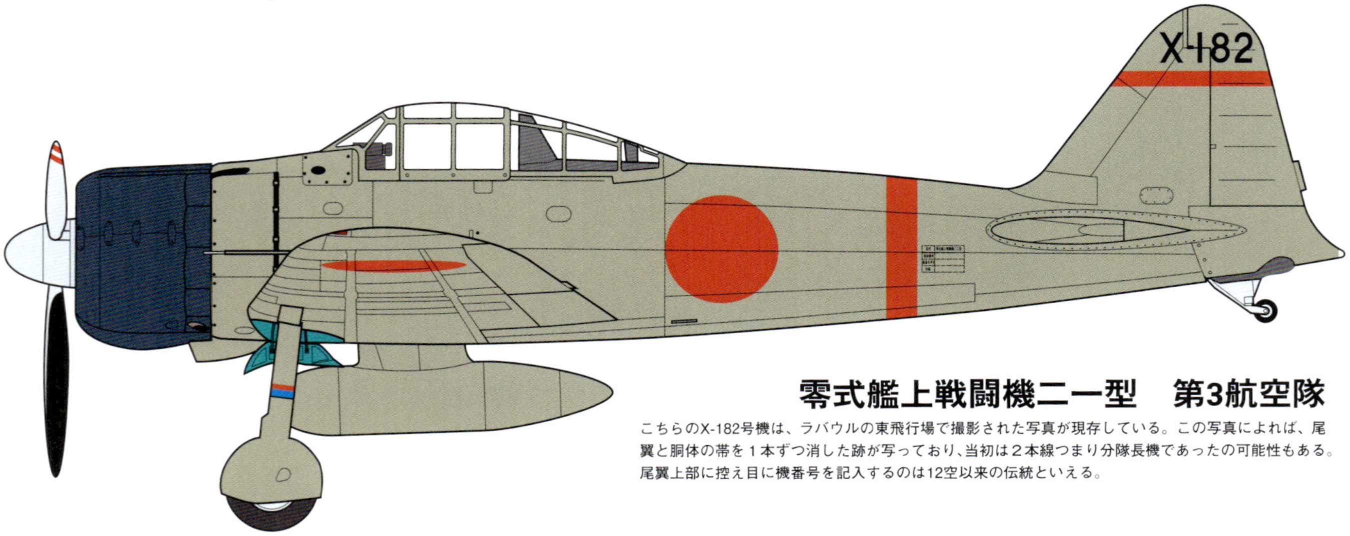

零式艦上戦闘機二一型　第3航空隊

こちらのX-182号機は、ラバウルの東飛行場で撮影された写真が現存している。この写真によれば、尾翼と胴体の帯を１本ずつ消した跡が写っており、当初は２本線つまり分隊長機であったの可能性もある。尾翼上部に控え目に機番号を記入するのは12空以来の伝統といえる。

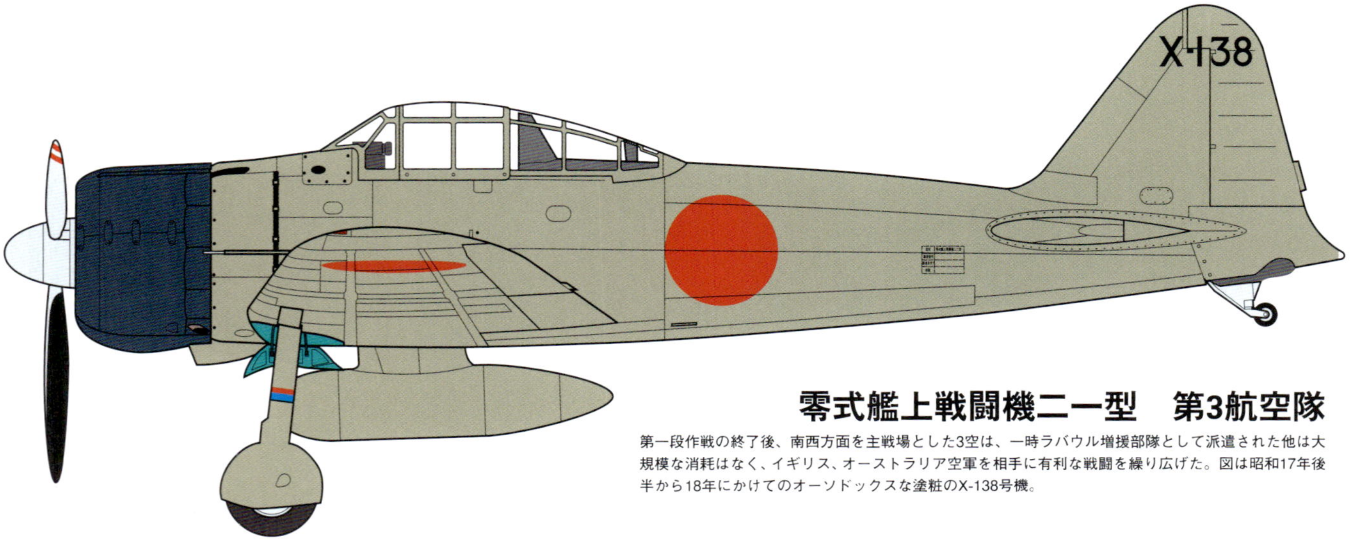

零式艦上戦闘機二一型　第3航空隊

第一段作戦の終了後、南西方面を主戦場とした3空は、一時ラバウル増援部隊として派遣された他は大規模な消耗はなく、イギリス、オーストラリア空軍を相手に有利な戦闘を繰り広げた。図は昭和17年後半から18年にかけてのオーソドックスな塗粧のX-138号機。

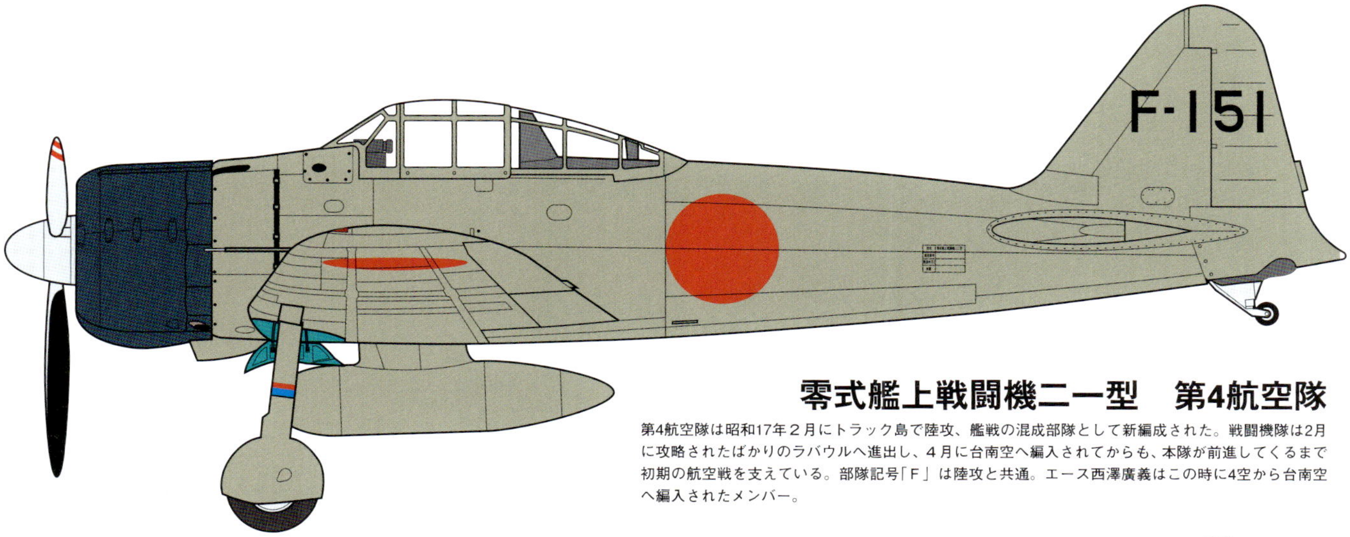

零式艦上戦闘機二一型　第4航空隊

第4航空隊は昭和17年２月にトラック島で陸攻、艦戦の混成部隊として新編成された。戦闘機隊は2月に攻略されたばかりのラバウルへ進出し、４月に台南空へ編入されてからも、本隊が前進してくるまで初期の航空戦を支えている。部隊記号「Ｆ」は陸攻と共通。エース西澤廣義はこの時に4空から台南空へ編入されたメンバー。

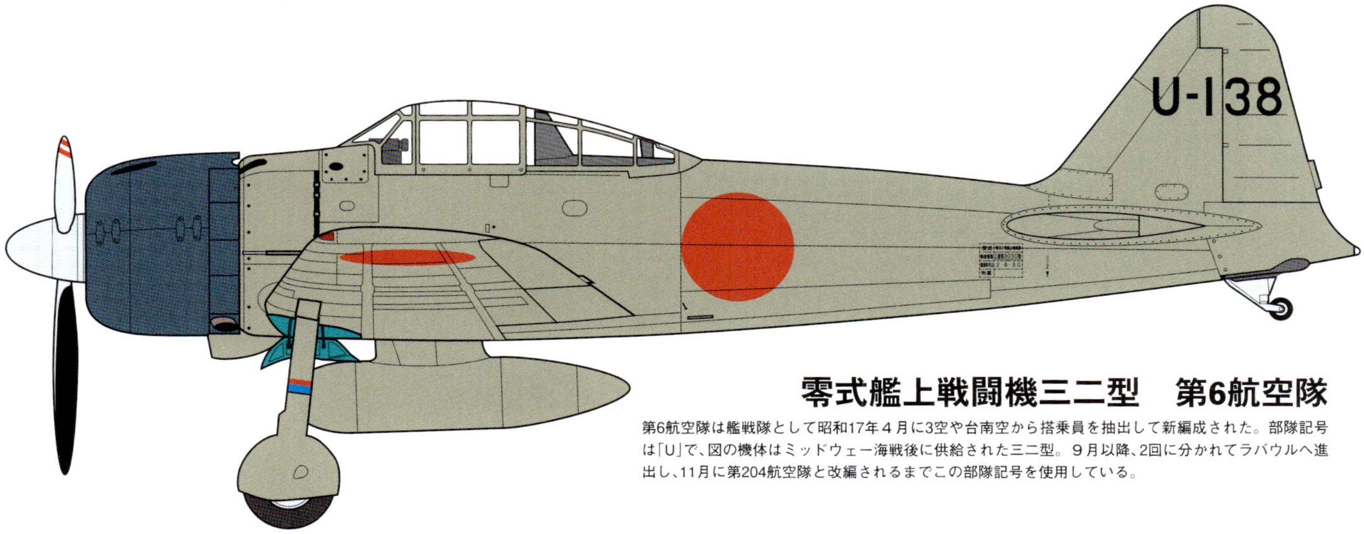

零式艦上戦闘機三二型　第6航空隊

第6航空隊は艦戦隊として昭和17年４月に3空や台南空から搭乗員を抽出して新編成された。部隊記号は「U」で、図の機体はミッドウェー海戦後に供給された三二型。９月以降、2回に分かれてラバウルへ進出し、11月に第204航空隊と改編されるまでこの部隊記号を使用している。

アルファベット一文字で表記する部隊記号は非常に便利であり、搭乗員たちが所持品に名前を記入する際にも使用された。写真はそれぞれそうした例を紹介するもの。①は縛帯の背当てに「V戦　高塚飛曹長」と記入している。Vは台南空を現す記号だ。②は手袋に「U戦」と記入して第6航空隊の所属を現している。

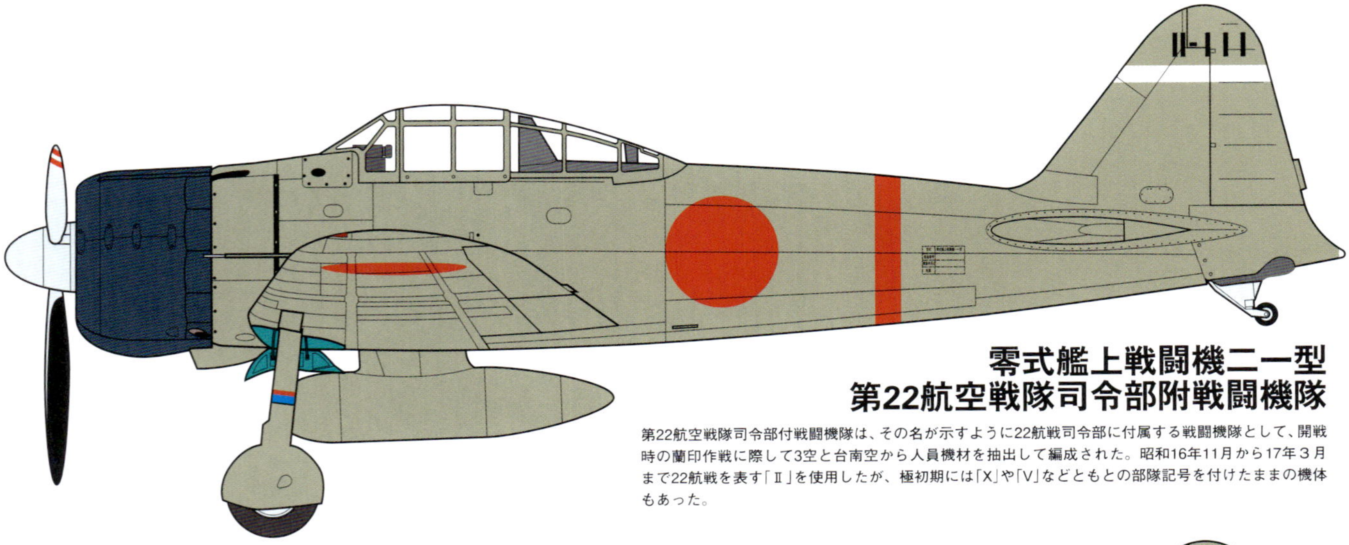

零式艦上戦闘機二一型
第22航空戦隊司令部附戦闘機隊

第22航空戦隊司令部付戦闘機隊は、その名が示すように22航戦司令部に付属する戦闘機隊として、開戦時の蘭印作戦に際して3空と台南空から人員機材を抽出して編成された。昭和16年11月から17年３月まで22航戦を表す「Ⅱ」を使用したが、極初期には「X」や「V」などともとの部隊記号を付けたままの機体もあった。

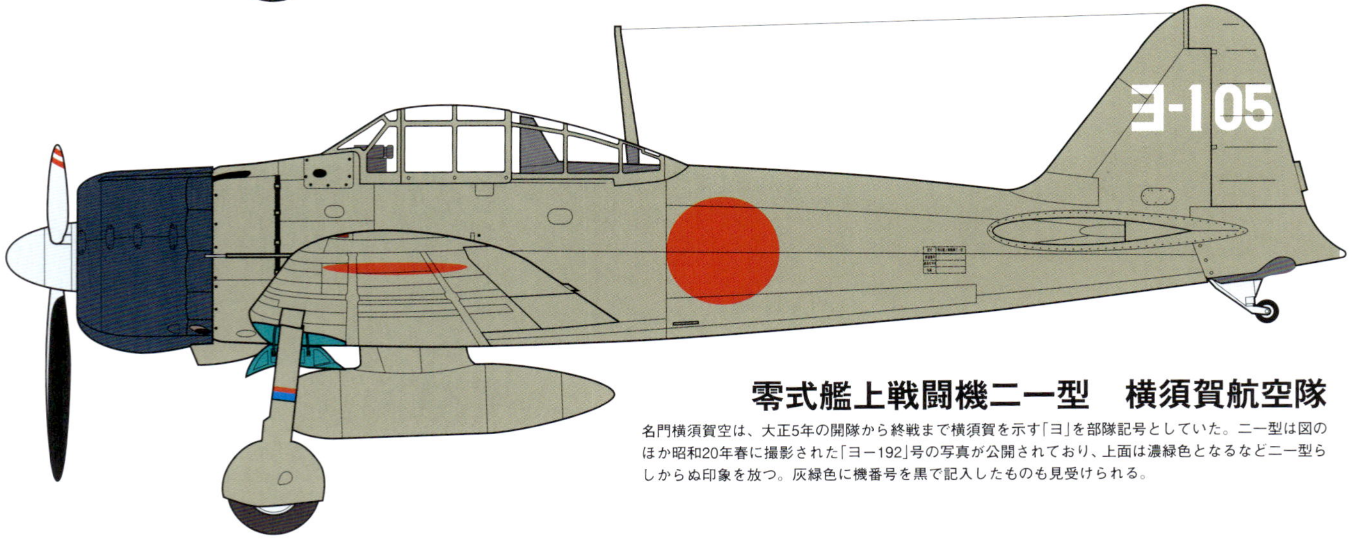

零式艦上戦闘機二一型　横須賀航空隊

名門横須賀空は、大正5年の開隊から終戦まで横須賀を示す「ヨ」を部隊記号としていた。二一型は図のほか昭和20年春に撮影された「ヨ－192」号の写真が公開されており、上面は濃緑色となるなど二一型らしからぬ印象を放つ。灰緑色に機番号を黒で記入したものも見受けられる。

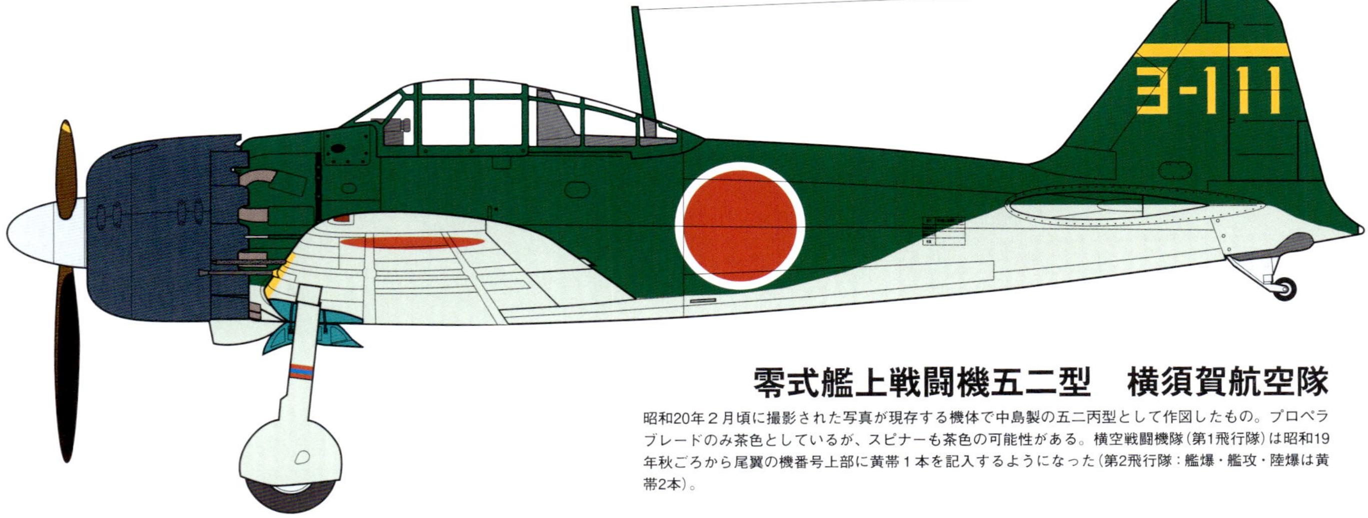

零式艦上戦闘機五二型　横須賀航空隊

昭和20年２月頃に撮影された写真が現存する機体で中島製の五二丙型として作図したもの。プロペラブレードのみ茶色としているが、スピナーも茶色の可能性がある。横空戦闘機隊（第1飛行隊）は昭和19年秋ごろから尾翼の機番号上部に黄帯１本を記入するようになった（第2飛行隊：艦爆・艦攻・陸爆は黄帯2本）。

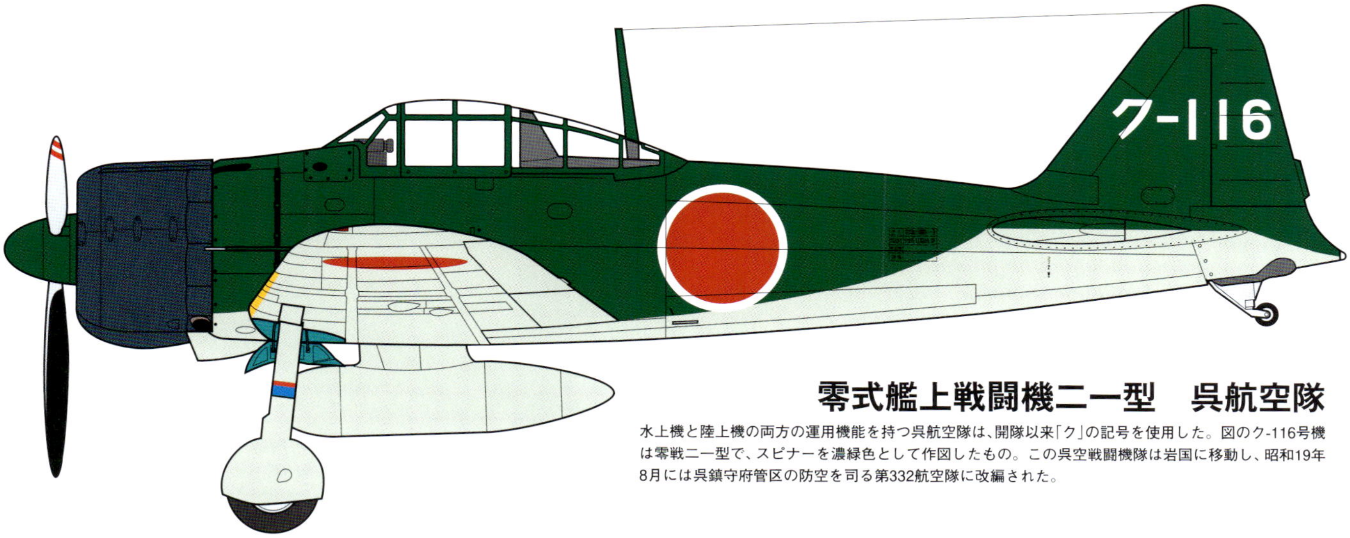

零式艦上戦闘機二一型　呉航空隊

水上機と陸上機の両方の運用機能を持つ呉航空隊は、開隊以来「ク」の記号を使用した。図のク-116号機は零戦二一型で、スピナーを濃緑色として作図したもの。この呉空戦闘機隊は岩国に移動し、昭和19年8月には呉鎮守府管区の防空を司る第332航空隊に改編された。

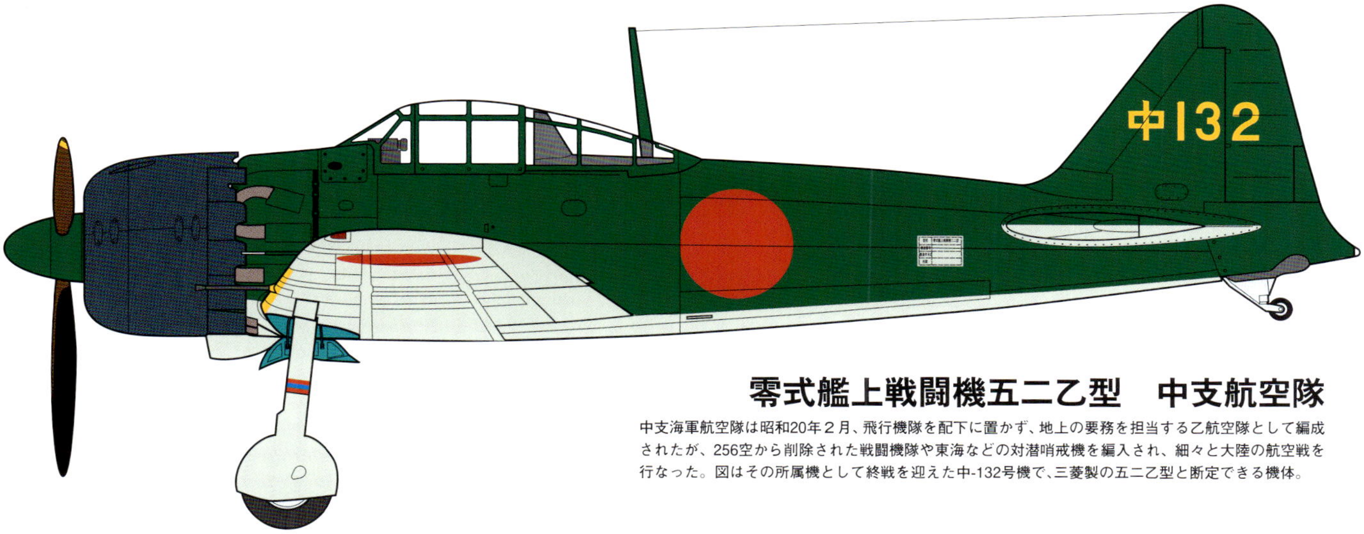

零式艦上戦闘機五二乙型　中支航空隊

中支海軍航空隊は昭和20年２月、飛行機隊を配下に置かず、地上の要務を担当する乙航空隊として編成されたが、256空から削除された戦闘機隊や東海などの対潜哨戒機を編入され、細々と大陸の航空戦を行なった。図はその所属機として終戦を迎えた中-132号機で、三菱製の五二乙型と断定できる機体。

4.番号冠称航空隊の零戦

激化する戦局に伴って、各地に新設された航空隊。昭和17年11月以降、こうした実戦部隊は1000番代までの番号を部隊名とするようになったことから、俗に番号冠称航空隊と呼ばれる。本項では、戦局の変化を反映した濃緑色に塗られた零戦たちの姿を紹介する

131-121
153-02
WI-111
I-121
2-182
X2-113

番号冠称航空隊とは

日本海軍航空隊に興味のあるかたならば、厳密にではないにせよ台南空や鹿屋空などという地名を冠した航空隊と、第3航空隊や第6航空隊などという番号で称される航空隊があることをご存知だろう。これは元々、海軍組織として常設の航空隊を地名で、特設のものを番号で呼ぶ航空隊として分けていた。ところが昭和16年12月8日の太平洋戦争の開戦により海軍航空隊がはるか赤道の向こうにまで翼を広げるようになると、大正年間に定められた航空隊令の縛りが近代的ではないことが明らかとなってくる。そもそも海軍航空隊は飛行機隊だけでなく、それを運用するための地上組織もあり、加えて基地管理までがその任務となっていた。これをいくらかでも解消して航空戦に専念させようという目的でなされたのが昭和17年11月1日の「航空隊令」の改訂だ。これで見かけ上大きく変わったのが実戦航空隊の名称を常設のものも特設のものも含めて100から1000番台の番号で表記するようになったこと。これにより戦闘機隊では台南空が第251航空隊と、3空が第202航空隊、6空が第204航空隊などという呼称に変わった。
右はその命名規定を現したもの。これにより機種や所属鎮守府などもわかるような仕組みであった。

航空隊令改正による新呼称規定 昭和17年11月1日施行

100の位（機種）		10の位（所轄鎮守府）		1の位
1	偵察機	0	横須賀鎮守府	奇数　常設を表す
2	戦闘機	1		偶数　特設を表す
3	戦闘機	2		
4	水上機	3	呉鎮守府	
5	艦爆／艦攻	4		
6	空母機	5		
7	陸攻	6	佐世保鎮守府	
8	飛行艇	7		
9	哨戒機	8	舞鶴鎮守府	
10	輸送機	9		

※この改正で作戦航空隊は所属基地がなくなり、代わりに原駐地が指定された。これにより従来のような基地管理の業務から解放され作戦に専念することができるようになった。

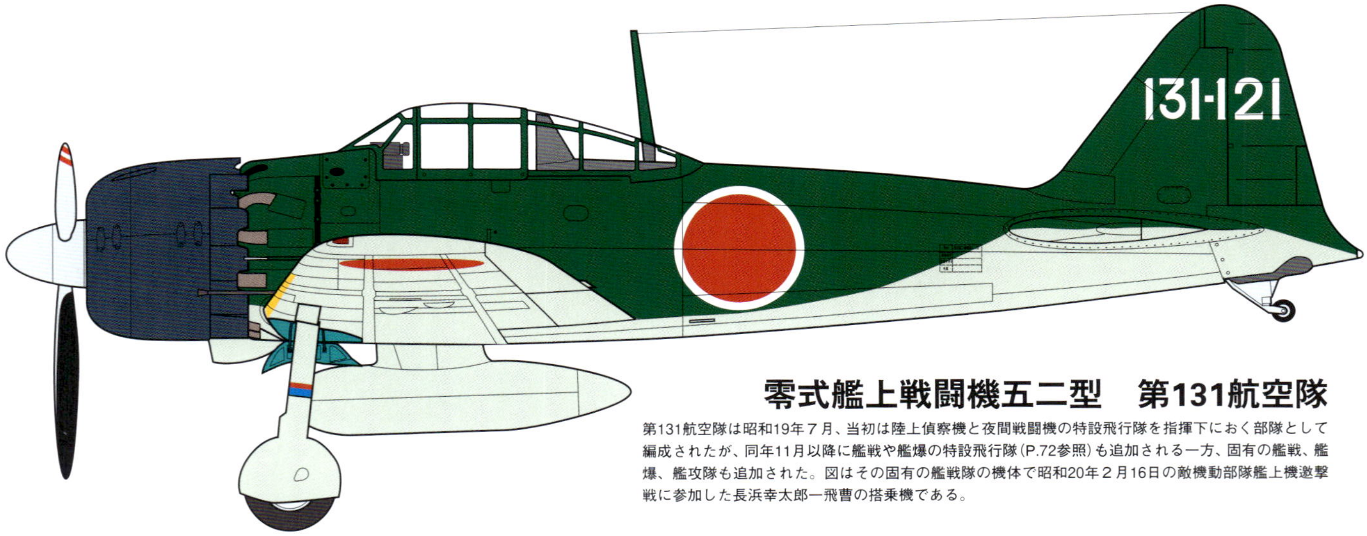

零式艦上戦闘機五二型　第131航空隊

第131航空隊は昭和19年７月、当初は陸上偵察機と夜間戦闘機の特設飛行隊を指揮下におく部隊として編成されたが、同年11月以降に艦戦や艦爆の特設飛行隊（P.72参照）も追加される一方、固有の艦戦、艦爆、艦攻隊も追加された。図はその固有の艦戦隊の機体で昭和20年２月16日の敵機動部隊艦上機邀撃戦に参加した長浜幸太郎一飛曹の搭乗機である。

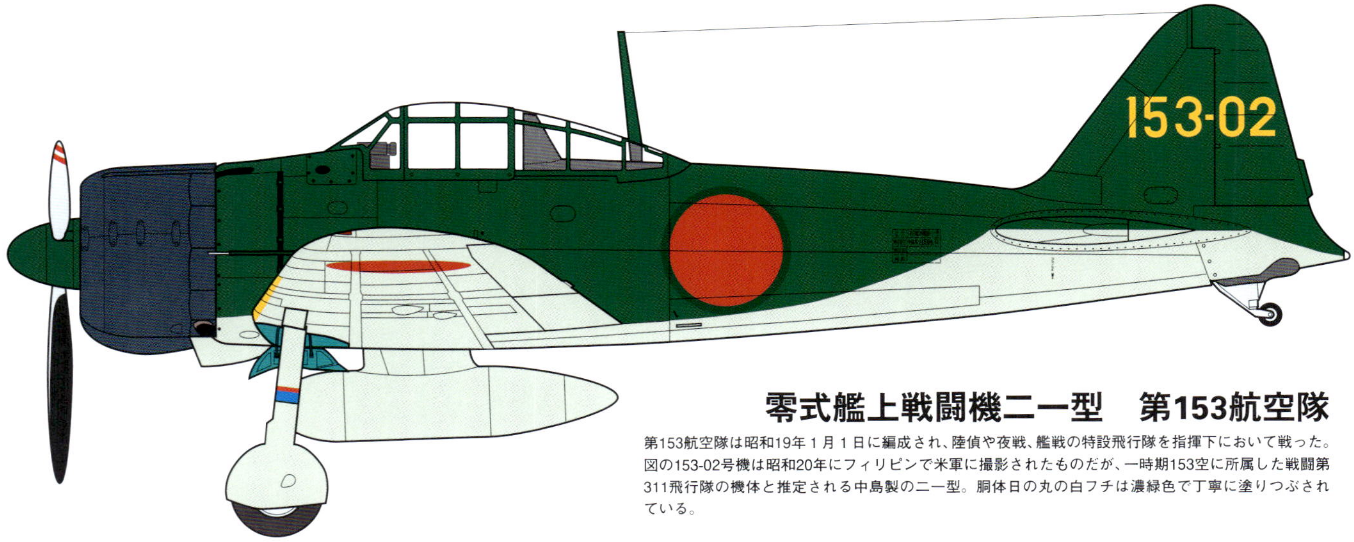

零式艦上戦闘機二一型　第153航空隊

第153航空隊は昭和19年１月１日に編成され、陸偵や夜戦、艦戦の特設飛行隊を指揮下において戦った。図の153-02号機は昭和20年にフィリピンで米軍に撮影されたものだが、一時期153空に所属した戦闘第311飛行隊の機体と推定される中島製の二一型。胴体日の丸の白フチは濃緑色で丁寧に塗りつぶされている。

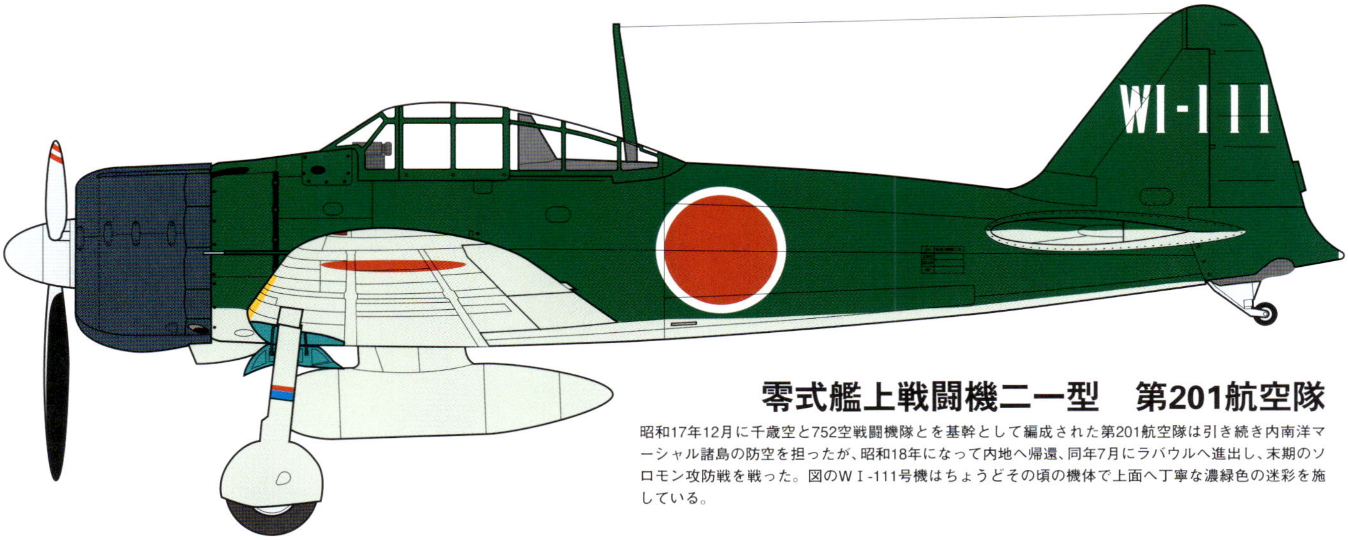

零式艦上戦闘機二一型　第201航空隊

昭和17年12月に千歳空と752空戦闘機隊とを基幹として編成された第201航空隊は引き続き内南洋マーシャル諸島の防空を担ったが、昭和18年になって内地へ帰還、同年7月にラバウルへ進出し、末期のソロモン攻防戦を戦った。図のＷＩ-111号機はちょうどその頃の機体で上面へ丁寧な濃緑色の迷彩を施している。

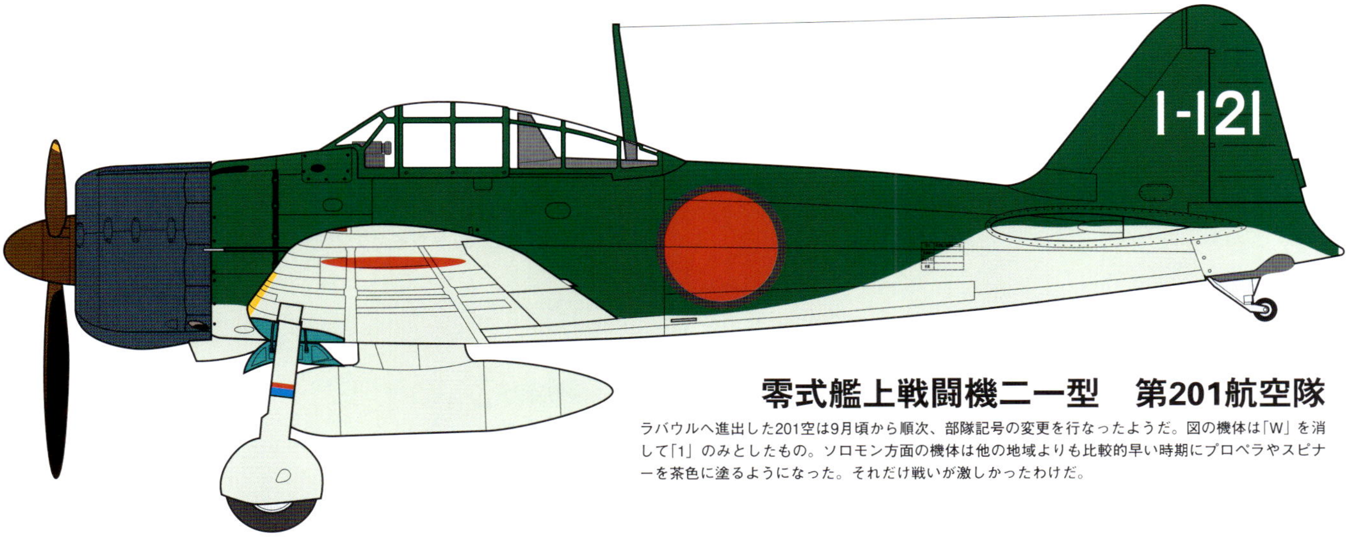

零式艦上戦闘機二一型　第201航空隊

ラバウルへ進出した201空は9月頃から順次、部隊記号の変更を行なったようだ。図の機体は「W」を消して「1」のみとしたもの。ソロモン方面の機体は他の地域よりも比較的早い時期にプロペラやスピナーを茶色に塗るようになった。それだけ戦いが激しかったわけだ。

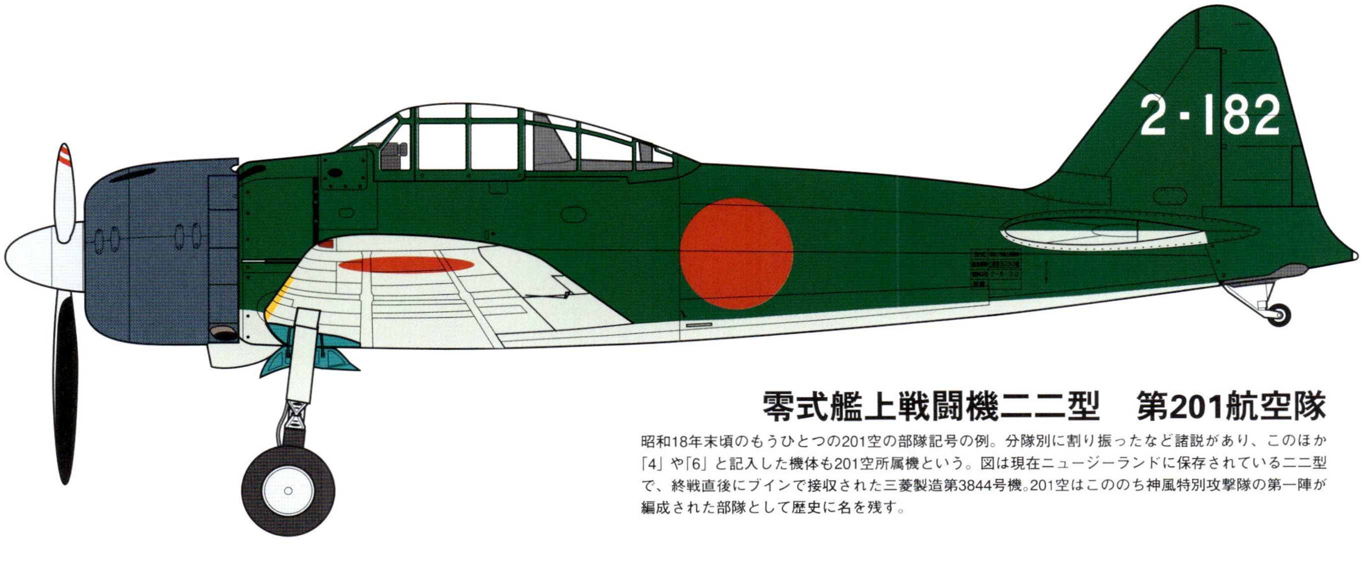

零式艦上戦闘機二二型　第201航空隊

昭和18年末頃のもうひとつの201空の部隊記号の例。分隊別に割り振ったなど諸説があり、このほか「4」や「6」と記入した機体も201空所属機という。図は現在ニュージーランドに保存されている二二型で、終戦直後にブインで接収された三菱製造第3844号機。201空はこののち神風特別攻撃隊の第一陣が編成された部隊として歴史に名を残す。

昭和18年前半に南西方面で撮影された202空の零戦二一型X2-172号機。3空時代からの名残で、胴体に赤帯を記入して遠目にも同隊所属であることをわかるようにしている。この当時、最新鋭の二二型は激戦地の南東方面に優先的に供給されており、比較的平穏な南西方面に陣取る202空へは中島製の二一型が補充されていた。被写体の人物はのちに210空飛行隊長としても活躍する塩水流俊夫中尉(海兵68期)。

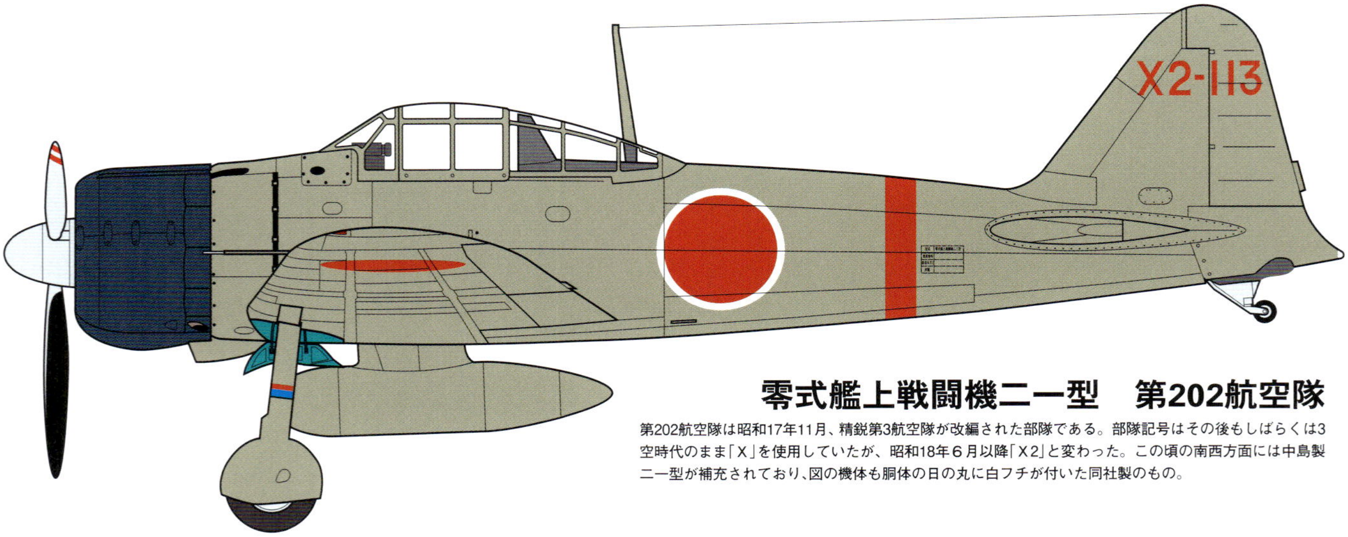

零式艦上戦闘機二一型　第202航空隊

第202航空隊は昭和17年11月、精鋭第3航空隊が改編された部隊である。部隊記号はその後もしばらくは3空時代のまま「X」を使用していたが、昭和18年6月以降「X2」と変わった。この頃の南西方面には中島製二一型が補充されており、図の機体も胴体の日の丸に白フチが付いた同社製のもの。

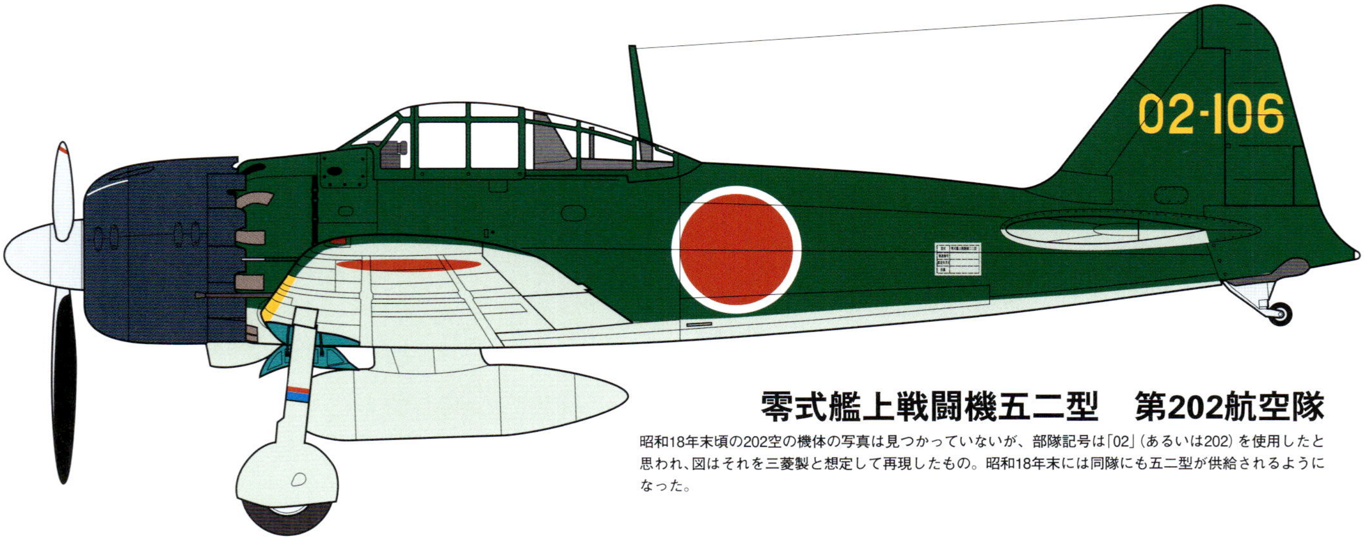

零式艦上戦闘機五二型　第202航空隊

昭和18年末頃の202空の機体の写真は見つかっていないが、部隊記号は「02」(あるいは202)を使用したと思われ、図はそれを三菱製と想定して再現したもの。昭和18年末には同隊にも五二型が供給されるようになった。

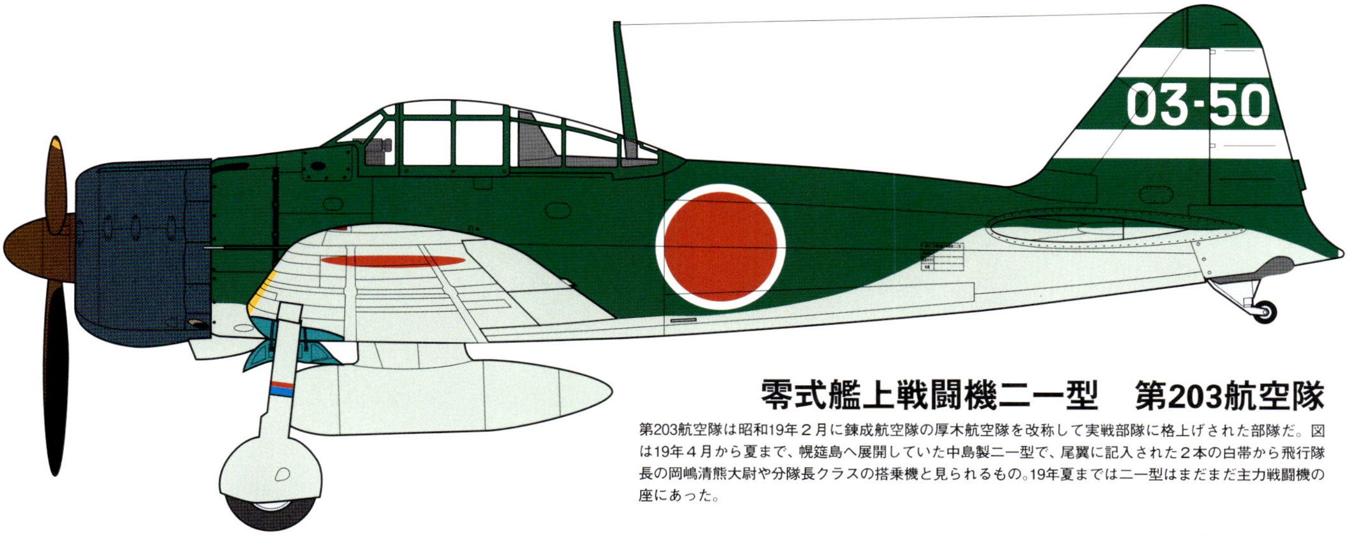

零式艦上戦闘機二一型　第203航空隊

第203航空隊は昭和19年２月に錬成航空隊の厚木航空隊を改称して実戦部隊に格上げされた部隊だ。図は19年４月から夏まで、幌筵島へ展開していた中島製二一型で、尾翼に記入された２本の白帯から飛行隊長の岡嶋清熊大尉や分隊長クラスの搭乗機と見られるもの。19年夏までは二一型はまだまだ主力戦闘機の座にあった。

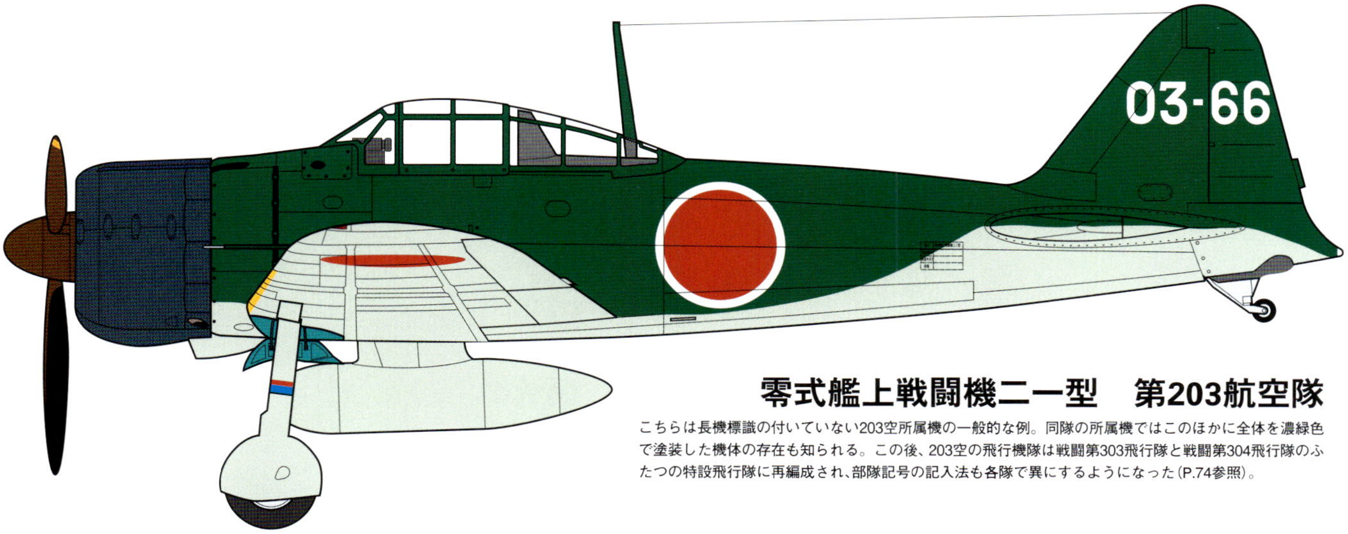

零式艦上戦闘機二一型　第203航空隊

こちらは長機標識の付いていない203空所属機の一般的な例。同隊の所属機ではこのほかに全体を濃緑色で塗装した機体の存在も知られる。この後、203空の飛行機隊は戦闘第303飛行隊と戦闘第304飛行隊のふたつの特設飛行隊に再編成され、部隊記号の記入法も各隊で異にするようになった(P.74参照)。

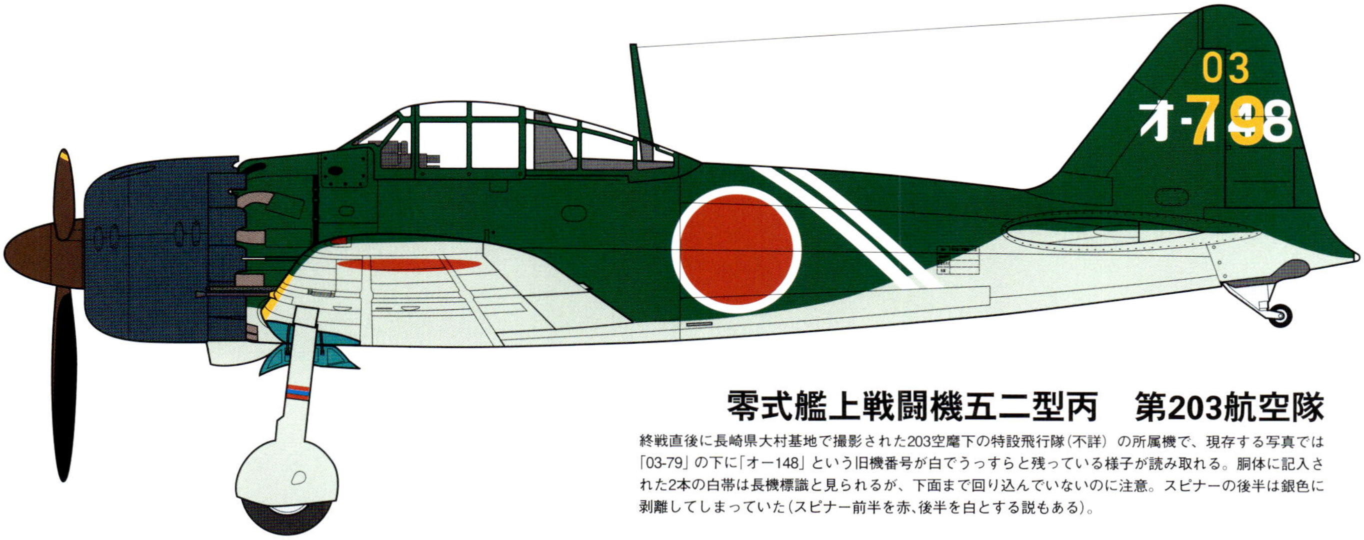

零式艦上戦闘機五二型丙　第203航空隊

終戦直後に長崎県大村基地で撮影された203空麾下の特設飛行隊（不詳）の所属機で、現存する写真では「03-79」の下に「オー148」という旧機番号が白でうっすらと残っている様子が読み取れる。胴体に記入された2本の白帯は長機標識と見られるが、下面まで回り込んでいないのに注意。スピナーの後半は銀色に剥離してしまっていた（スピナー前半を赤、後半を白とする説もある）。

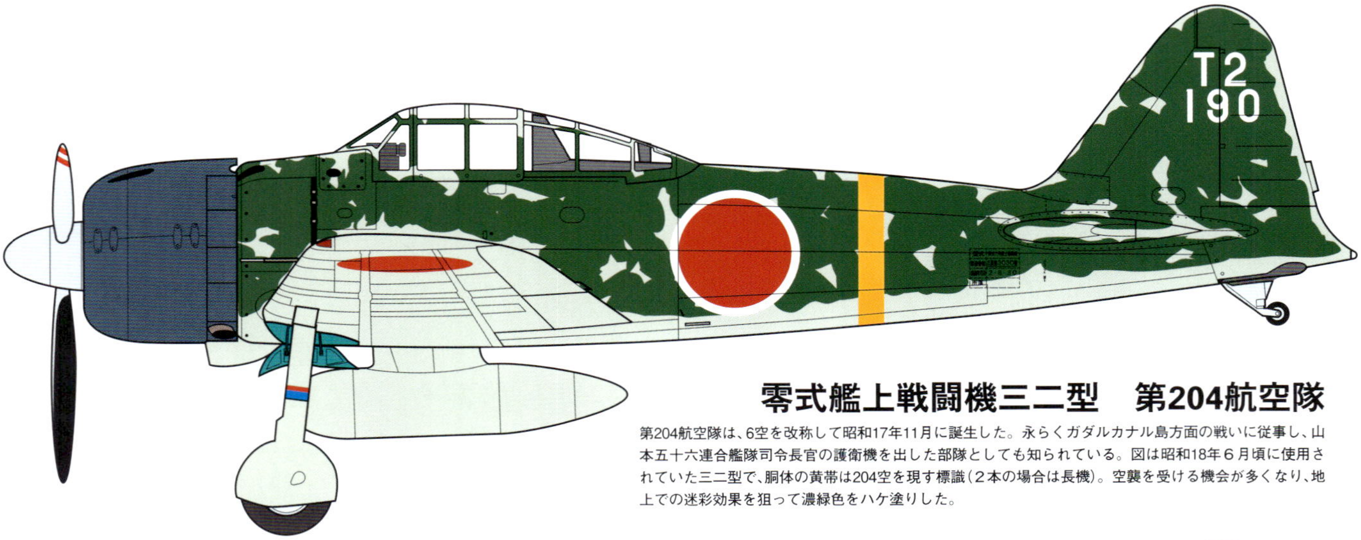

零式艦上戦闘機三二型　第204航空隊

第204航空隊は、6空を改称して昭和17年11月に誕生した。永らくガダルカナル島方面の戦いに従事し、山本五十六連合艦隊司令長官の護衛機を出した部隊としても知られている。図は昭和18年６月頃に使用されていた三二型で、胴体の黄帯は204空を現す標識（２本の場合は長機）。空襲を受ける機会が多くなり、地上での迷彩効果を狙って濃緑色をハケ塗りした。

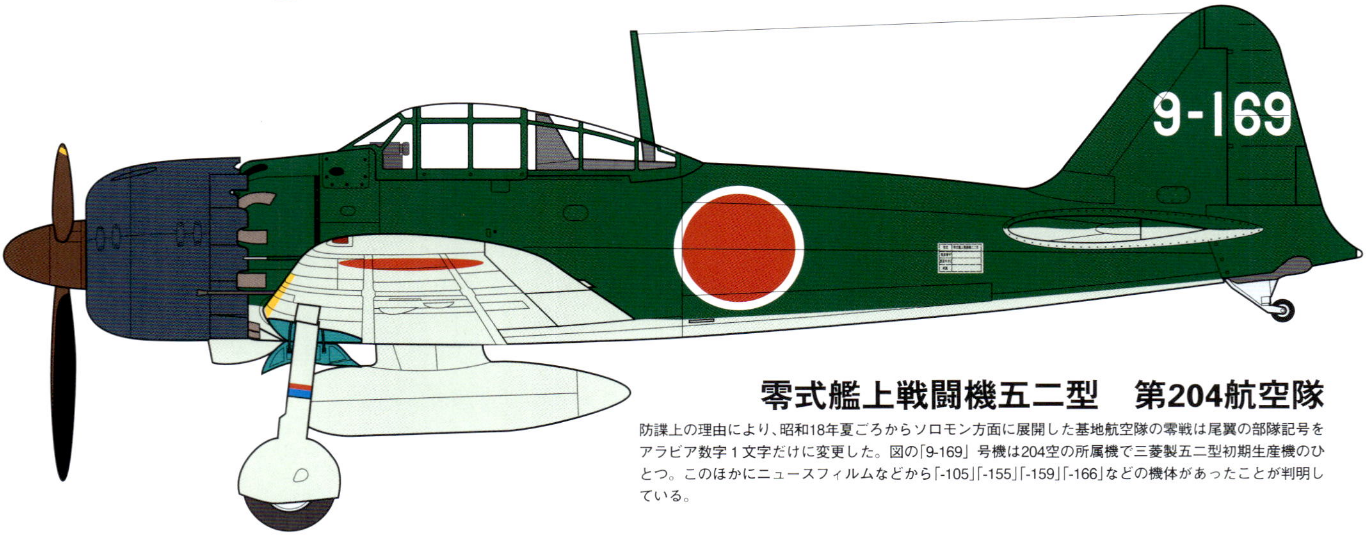

零式艦上戦闘機五二型　第204航空隊

防諜上の理由により、昭和18年夏ごろからソロモン方面に展開した基地航空隊の零戦は尾翼の部隊記号をアラビア数字１文字だけに変更した。図の「9-169」号機は204空の所属機で三菱製五二型初期生産機のひとつ。このほかにニュースフィルムなどから「-105」「-155」「-159」「-166」などの機体があったことが判明している。

昭和18年末から19年1月頃にラバウル東飛行場で撮影された204空の三菱製零戦五二型。胴体と主翼の日の丸の白フチは目立つので、濃緑色で塗りつぶしている。

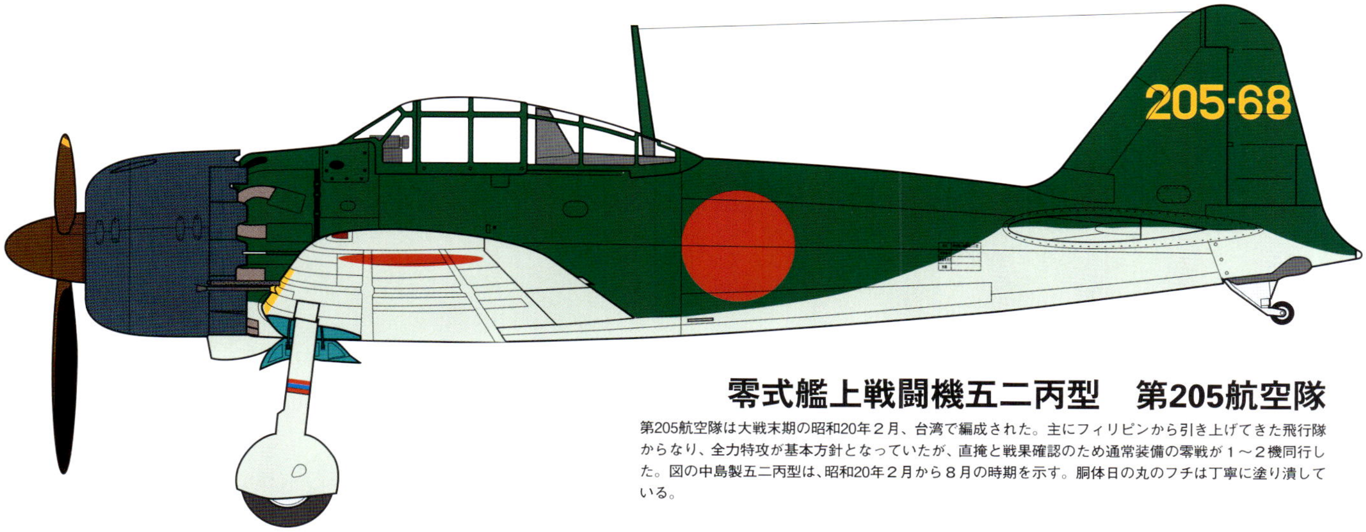

零式艦上戦闘機五二丙型　第205航空隊

第205航空隊は大戦末期の昭和20年２月、台湾で編成された。主にフィリピンから引き上げてきた飛行隊からなり、全力特攻が基本方針となっていたが、直掩と戦果確認のため通常装備の零戦が１～２機同行した。図の中島製五二丙型は、昭和20年２月から８月の時期を示す。胴体日の丸のフチは丁寧に塗り潰している。

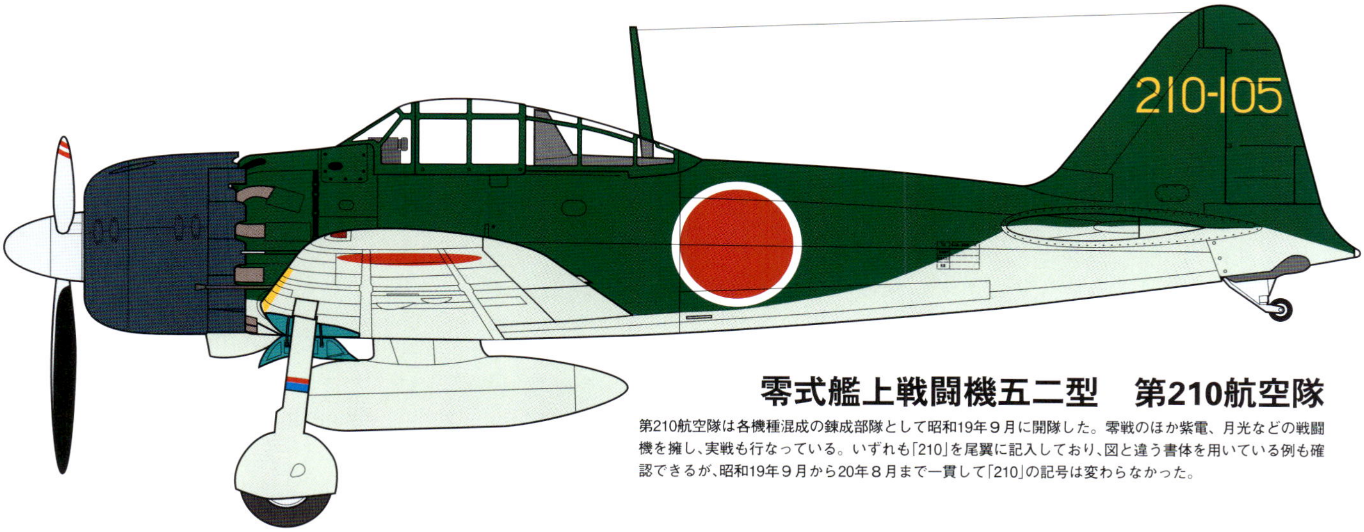

零式艦上戦闘機五二型　第210航空隊

第210航空隊は各機種混成の錬成部隊として昭和19年９月に開隊した。零戦のほか紫電、月光などの戦闘機を擁し、実戦も行なっている。いずれも「210」を尾翼に記入しており、図と違う書体を用いている例も確認できるが、昭和19年９月から20年８月まで一貫して「210」の記号は変わらなかった。

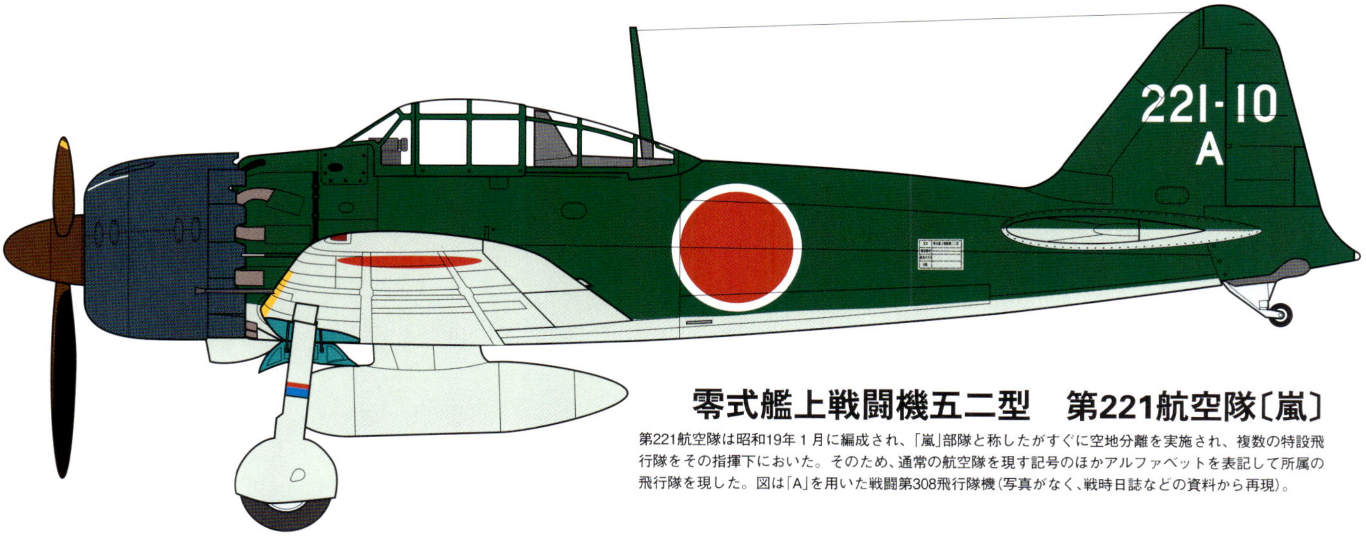

零式艦上戦闘機五二型　第221航空隊〔嵐〕

第221航空隊は昭和19年１月に編成され、「嵐」部隊と称したがすぐに空地分離を実施され、複数の特設飛行隊をその指揮下においた。そのため、通常の航空隊を現す記号のほかアルファベットを表記して所属の飛行隊を現した。図は「A」を用いた戦闘第308飛行隊機（写真がなく、戦時日誌などの資料から再現）。

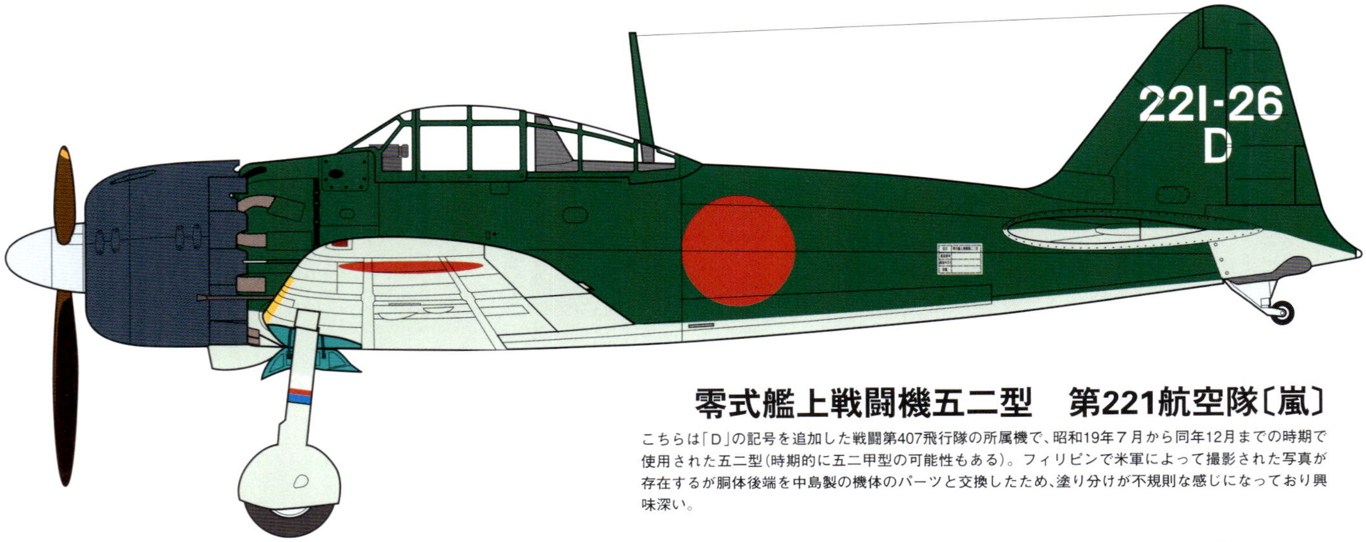

零式艦上戦闘機五二型　第221航空隊〔嵐〕

こちらは「D」の記号を追加した戦闘第407飛行隊の所属機で、昭和19年７月から同年12月までの時期で使用された五二型（時期的に五二甲型の可能性もある）。フィリピンで米軍によって撮影された写真が存在するが胴体後端を中島製の機体のパーツと交換したため、塗り分けが不規則な感じになっており興味深い。

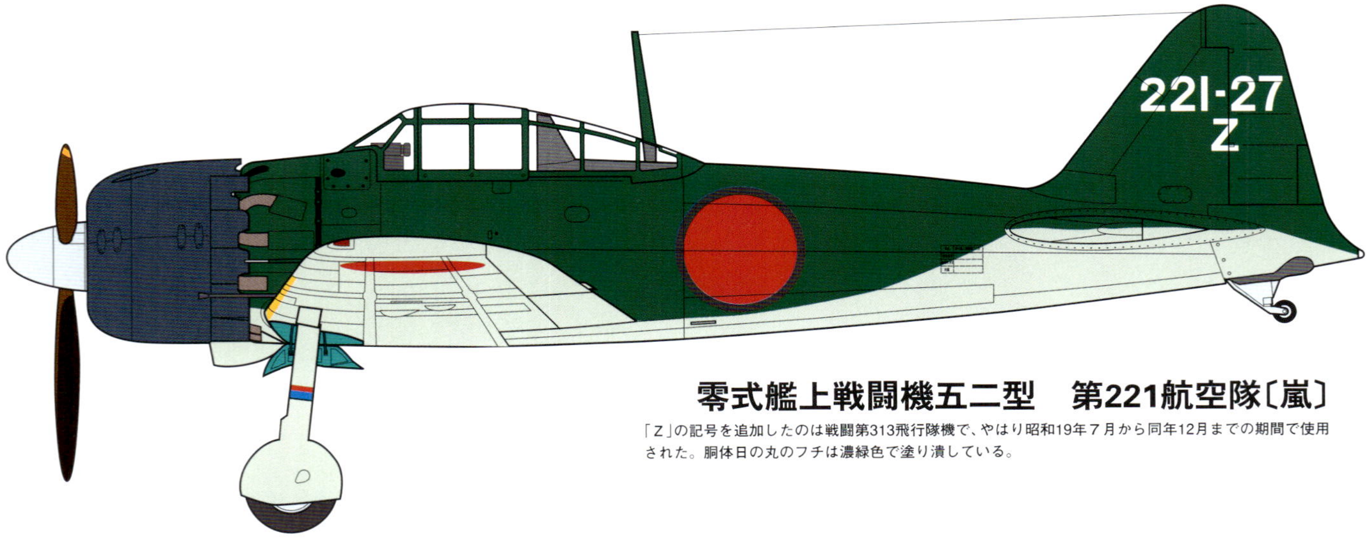

零式艦上戦闘機五二型　第221航空隊〔嵐〕

「Z」の記号を追加したのは戦闘第313飛行隊機で、やはり昭和19年７月から同年12月までの期間で使用された。胴体日の丸のフチは濃緑色で塗り潰している。

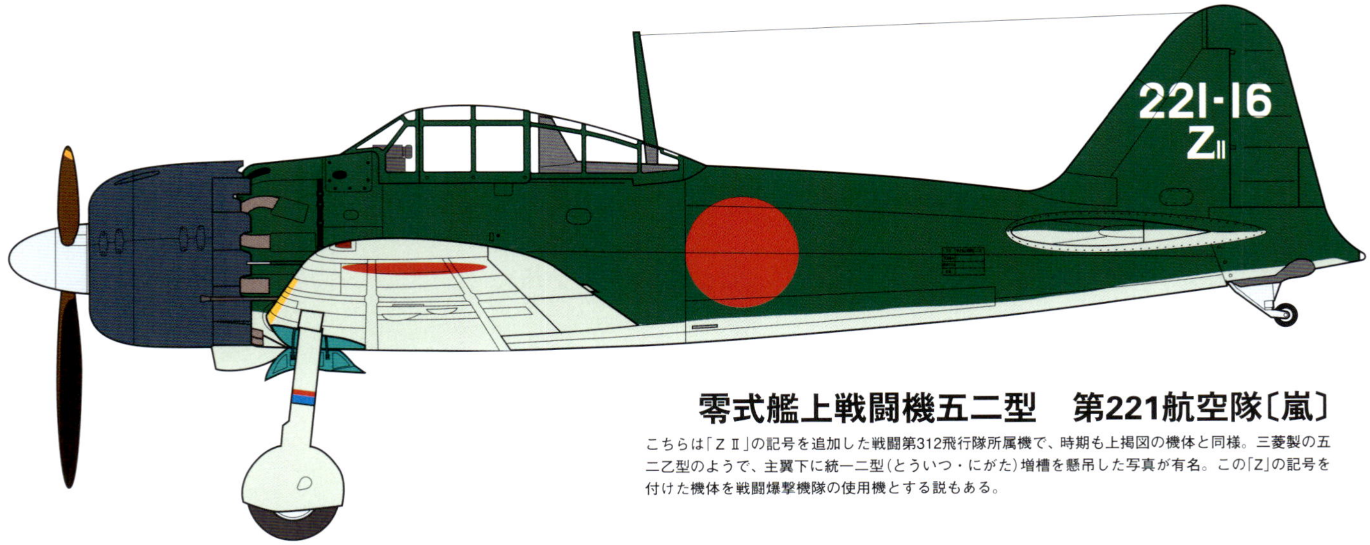

零式艦上戦闘機五二型　第221航空隊〔嵐〕

こちらは「ZⅡ」の記号を追加した戦闘第312飛行隊所属機で、時期も上掲図の機体と同様。三菱製の五二乙型のようで、主翼下に統一二型（とういつ・にがた）増槽を懸吊した写真が有名。この「Z」の記号を付けた機体を戦闘爆撃機隊の使用機とする説もある。

昭和18年春に愛知県豊橋基地で戦力再建中の第251航空隊の零戦二二型で、コクピットに納まるのはなんとエース西澤廣義上飛曹。左奥のU1-101号機を見てもわかるように機体全面はまだ灰緑色のままだが、主翼前縁にはすでに黄橙色の敵味方識別帯が記入されていることがわかる。カウリング下に記入された「6」から本機が「U1-106」号機であることが読み取れる。

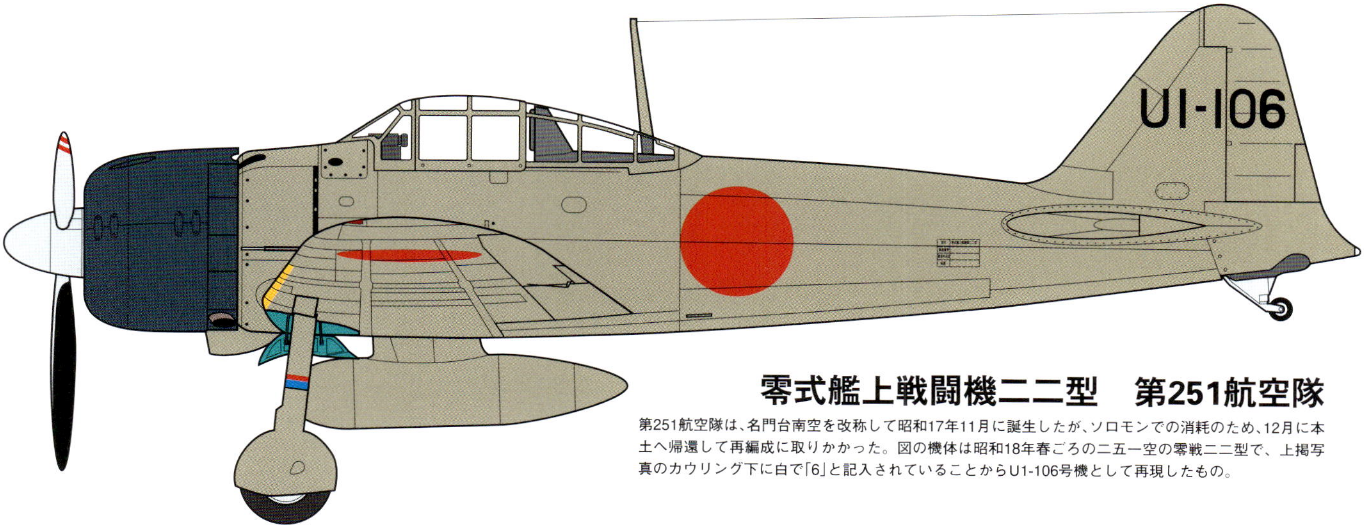

零式艦上戦闘機二二型　第251航空隊

第251航空隊は、名門台南空を改称して昭和17年11月に誕生したが、ソロモンでの消耗のため、12月に本土へ帰還して再編成に取りかかった。図の機体は昭和18年春ごろの二五一空の零戦二二型で、上掲写真のカウリング下に白で「6」と記入されていることからU1-106号機として再現したもの。

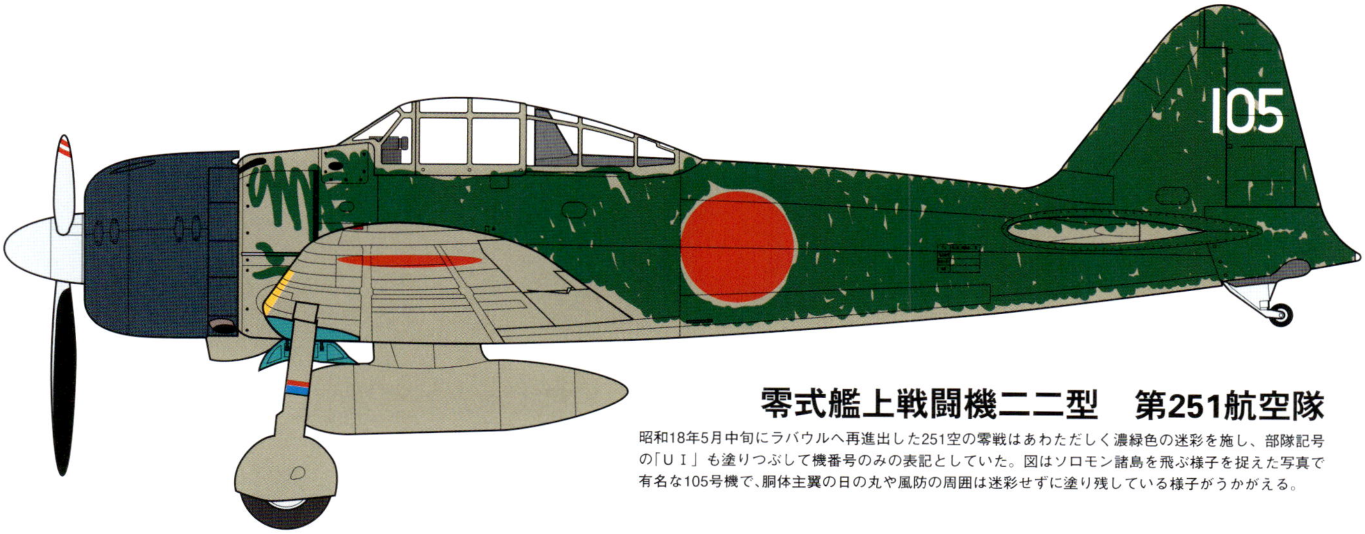

零式艦上戦闘機二二型　第251航空隊

昭和18年5月中旬にラバウルへ再進出した251空の零戦はあわただしく濃緑色の迷彩を施し、部隊記号の「ＵＩ」も塗りつぶして機番号のみの表記としていた。図はソロモン諸島を飛ぶ様子を捉えた写真で有名な105号機で、胴体主翼の日の丸や風防の周囲は迷彩せずに塗り残している様子がうかがえる。

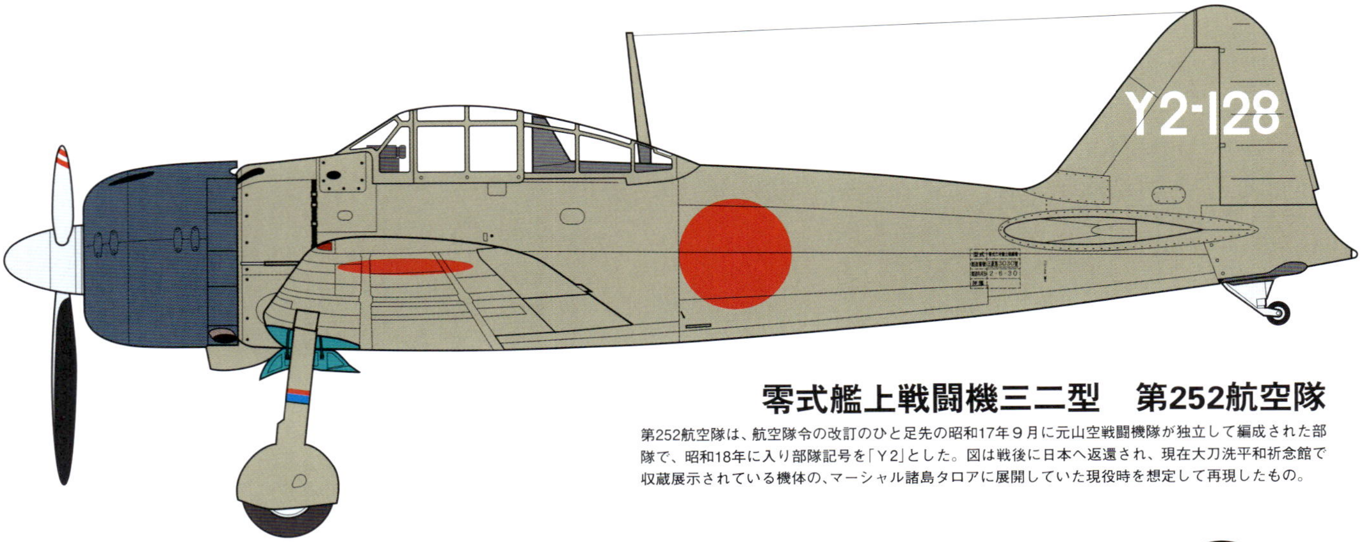

零式艦上戦闘機三二型　第252航空隊

第252航空隊は、航空隊令の改訂のひと足先の昭和17年９月に元山空戦闘機隊が独立して編成された部隊で、昭和18年に入り部隊記号を「Y2」とした。図は戦後に日本へ返還され、現在大刀洗平和祈念館で収蔵展示されている機体の、マーシャル諸島タロアに展開していた現役時を想定して再現したもの。

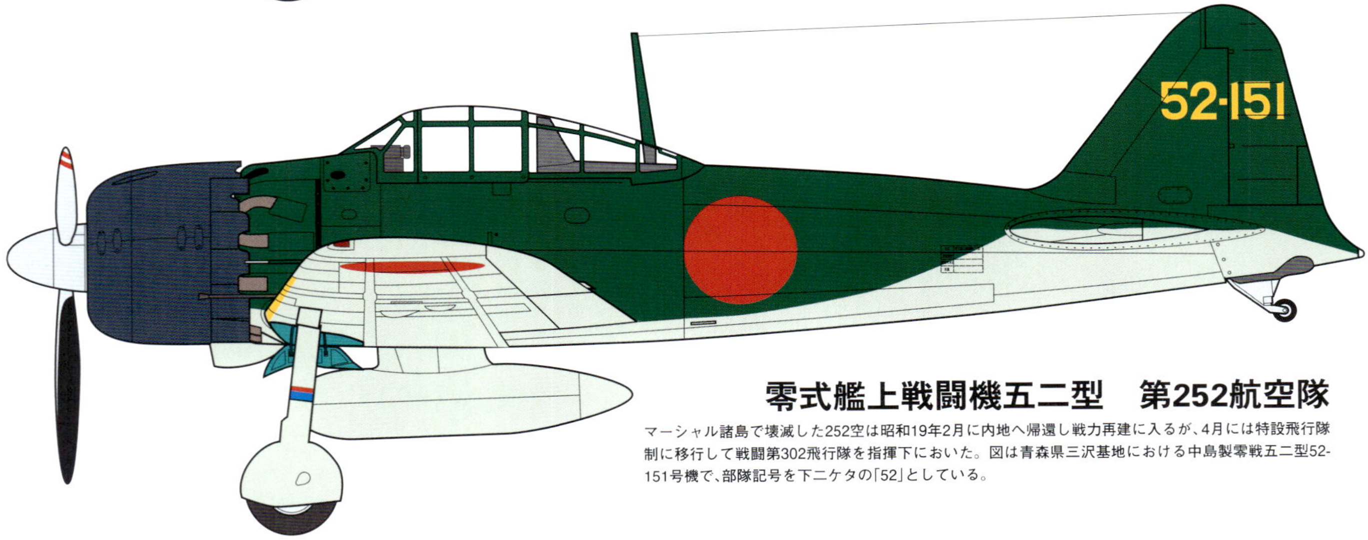

零式艦上戦闘機五二型　第252航空隊

マーシャル諸島で壊滅した252空は昭和19年2月に内地へ帰還し戦力再建に入るが、4月には特設飛行隊制に移行して戦闘第302飛行隊を指揮下においた。図は青森県三沢基地における中島製零戦五二型52-151号機で、部隊記号を下二ケタの「52」としている。

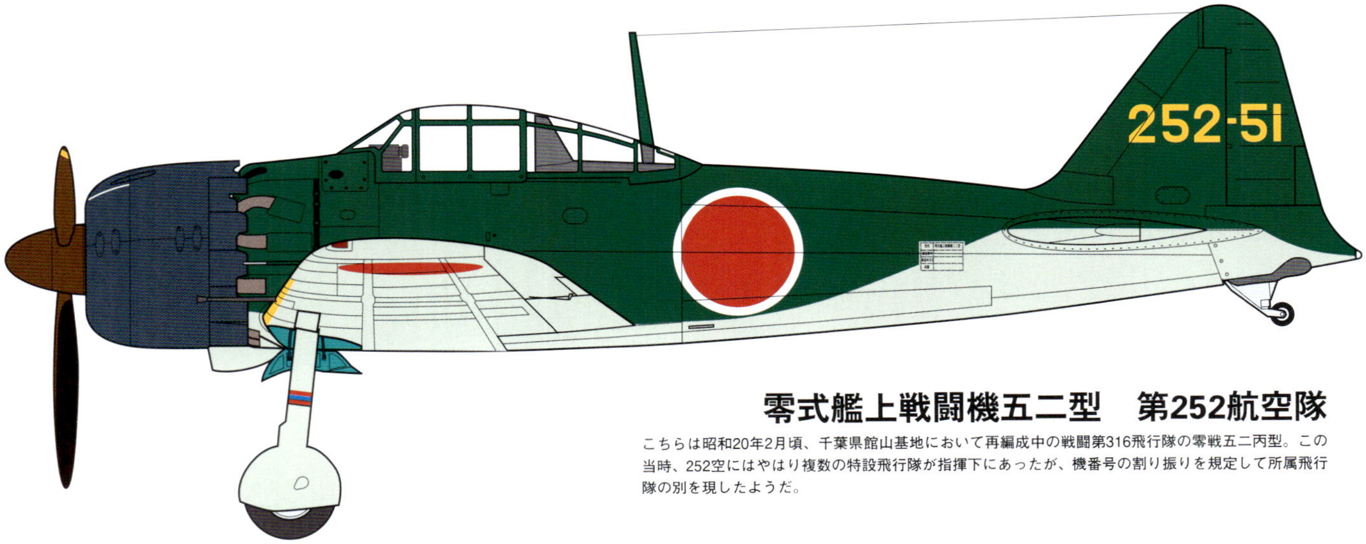

零式艦上戦闘機五二型　第252航空隊

こちらは昭和20年2月頃、千葉県館山基地において再編成中の戦闘第316飛行隊の零戦五二丙型。この当時、252空にはやはり複数の特設飛行隊が指揮下にあったが、機番号の割り振りを規定して所属飛行隊の別を現したようだ。

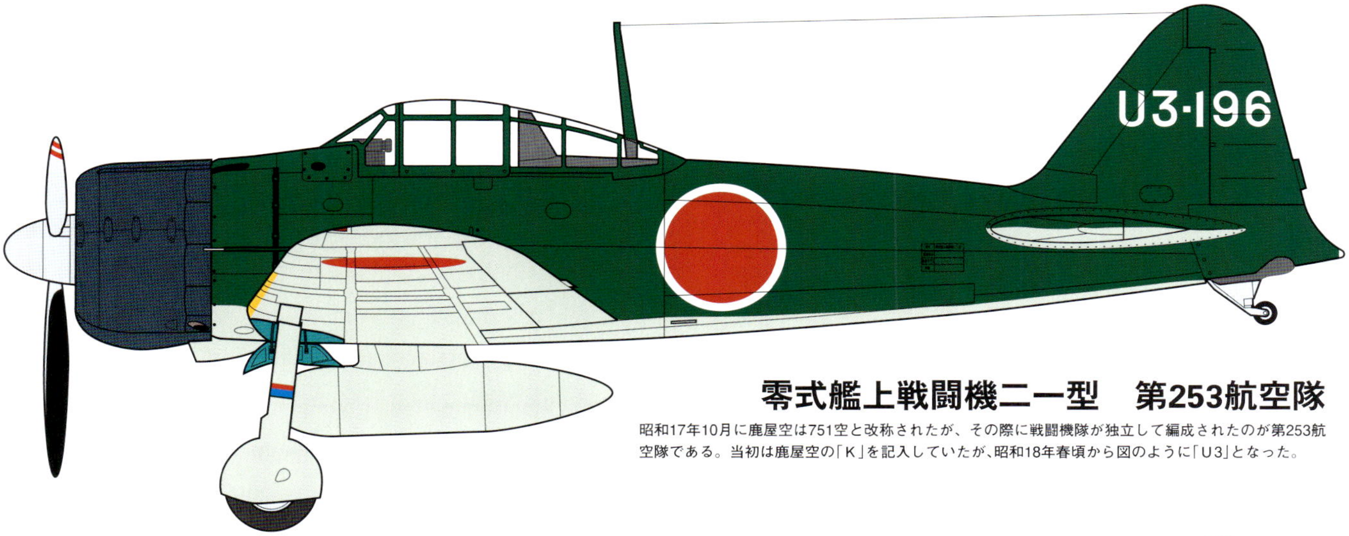

零式艦上戦闘機二一型　第253航空隊

昭和17年10月に鹿屋空は751空と改称されたが、その際に戦闘機隊が独立して編成されたのが第253航空隊である。当初は鹿屋空の「K」を記入していたが、昭和18年春頃から図のように「U3」となった。

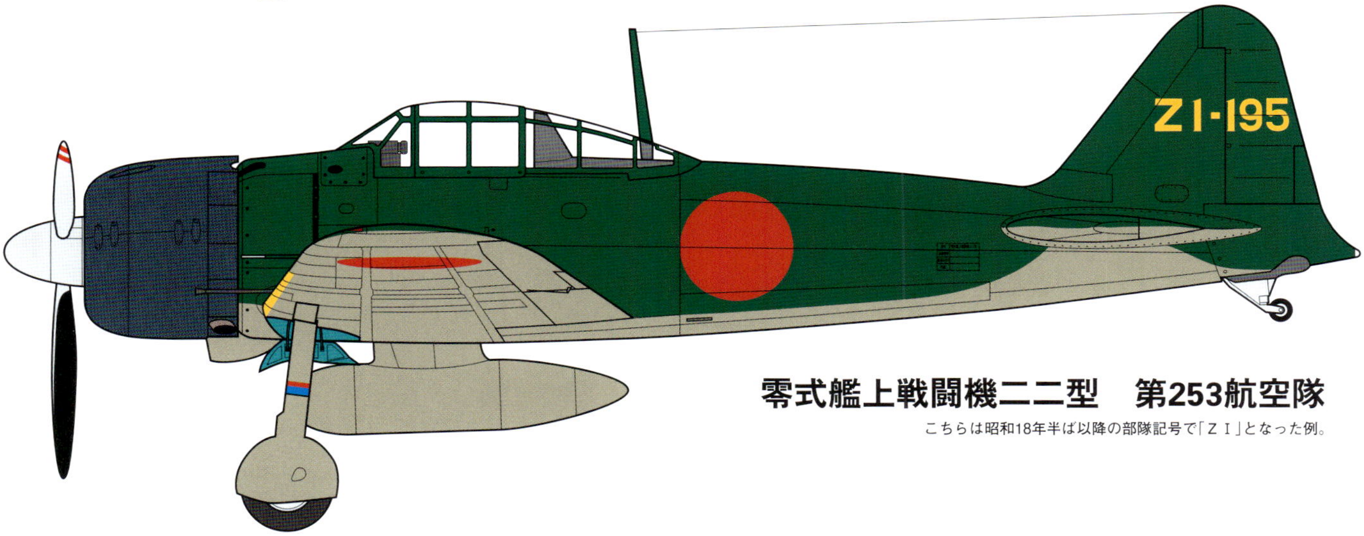

零式艦上戦闘機二二型　第253航空隊

こちらは昭和18年半ば以降の部隊記号で「ＺＩ」となった例。

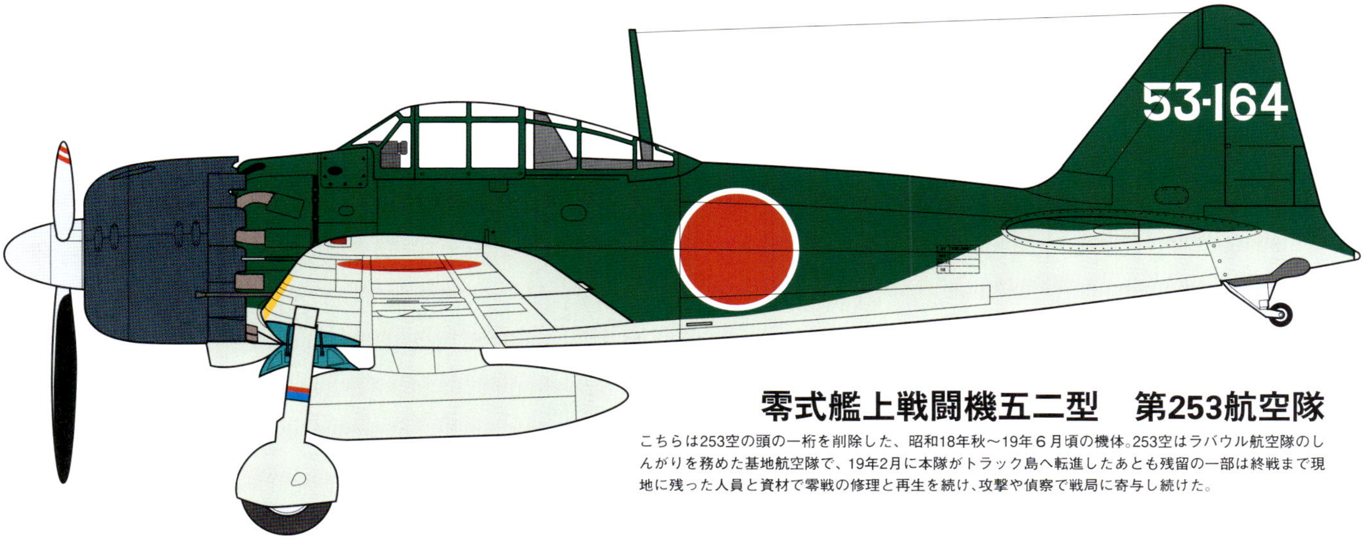

零式艦上戦闘機五二型　第253航空隊

こちらは253空の頭の一桁を削除した、昭和18年秋～19年６月頃の機体。253空はラバウル航空隊のしんがりを務めた基地航空隊で、19年2月に本隊がトラック島へ転進したあとも残留の一部は終戦まで現地に残った人員と資材で零戦の修理と再生を続け、攻撃や偵察で戦局に寄与し続けた。

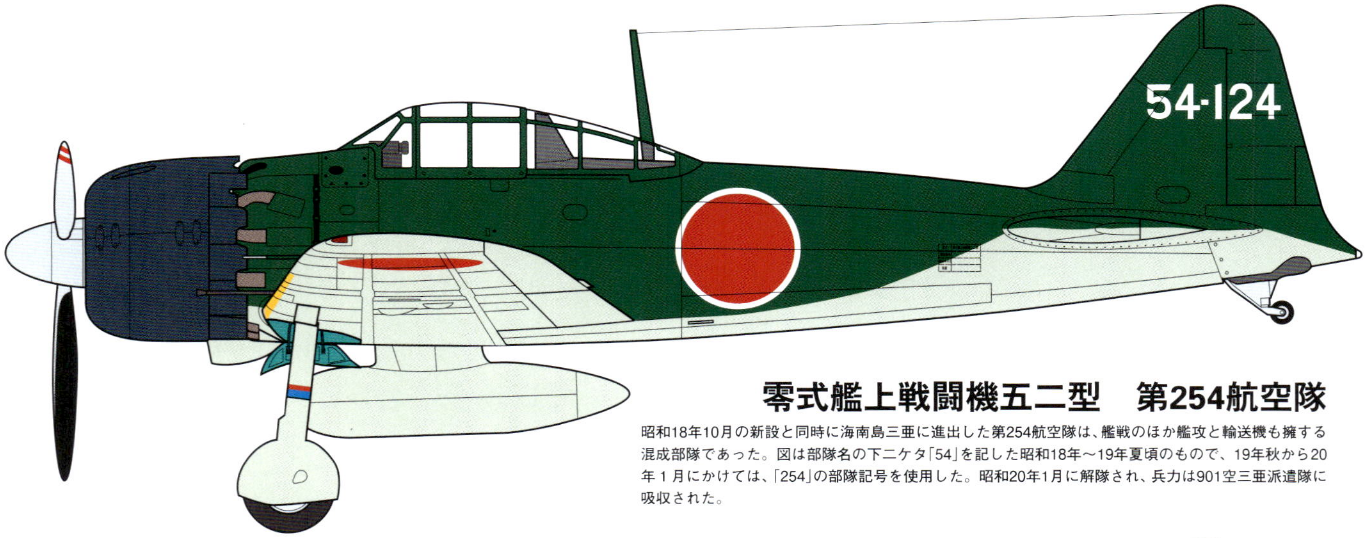

零式艦上戦闘機五二型　第254航空隊

昭和18年10月の新設と同時に海南島三亜に進出した第254航空隊は、艦戦のほか艦攻と輸送機も擁する混成部隊であった。図は部隊名の下二ケタ「54」を記した昭和18年～19年夏頃のもので、19年秋から20年１月にかけては、「254」の部隊記号を使用した。昭和20年1月に解隊され、兵力は901空三亜派遣隊に吸収された。

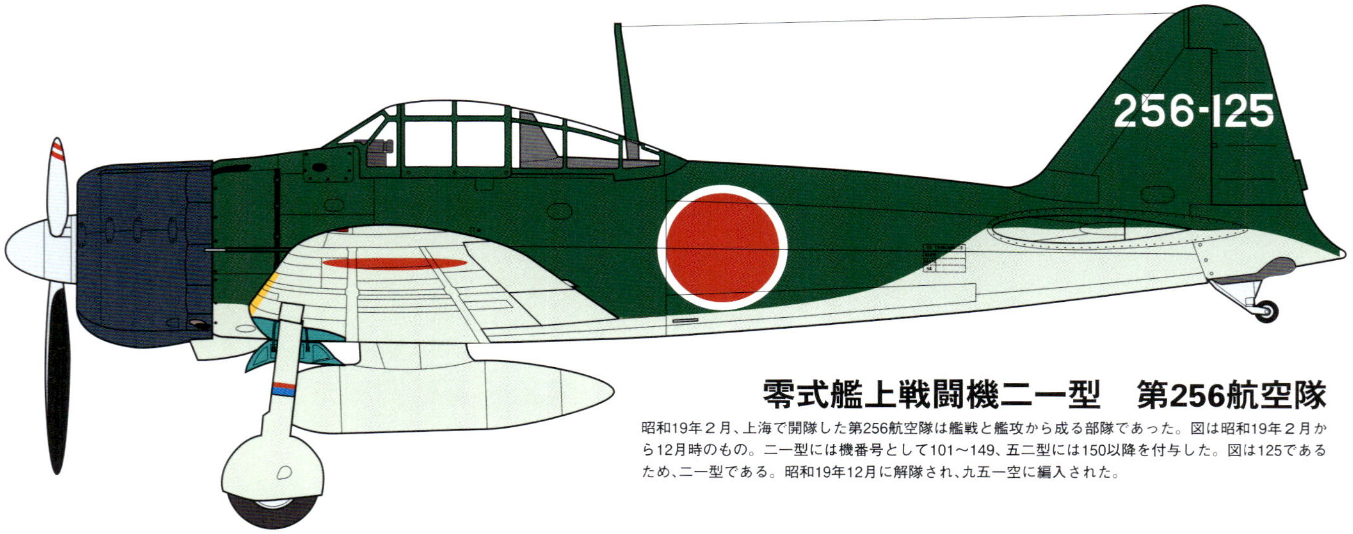

零式艦上戦闘機二一型　第256航空隊

昭和19年２月、上海で開隊した第256航空隊は艦戦と艦攻から成る部隊であった。図は昭和19年２月から12月時のもの。二一型には機番号として101～149、五二型には150以降を付与した。図は125であるため、二一型である。昭和19年12月に解隊され、九五一空に編入された。

〔参考〕第１航空艦隊麾下航空隊とその通称一覧

第 61 航空戦隊

	愛称	機種	主要装備機
121 空	雉	偵察	「二式艦偵」
261 空	虎	艦戦	「零戦」
263 空	彪	艦戦	「零戦」
265 空	狼※	艦戦	「零戦」
321 空	鵄	夜戦	「月光」
341 空	獅子	局戦	「紫電」
343 空	隼	局戦	「紫電」→「零戦」へ変更
521 空	鵬	陸爆	「銀河」
523 空	鷹	艦爆	「彗星」
761 空	龍	陸攻	「一式陸攻」
1021 空	鳩	輸送	各種輸送機

第 62 航空戦隊

	愛称	機種	主要装備機
141 空	暁	偵察	「二式艦偵」
221 空	嵐	艦戦	「零戦」
322 空	電	夜戦	「月光」
345 空	光	局戦	「紫電」→「零戦」へ変更
361 空	晃	局戦	「紫電」→「零戦」へ変更
522 空	轟	陸爆	「銀河」
524 空	響	艦爆	「彗星」
762 空	輝	陸攻	「一式陸攻」
763 空	勢	陸攻	「一式陸攻」

※265空はもともと62航戦所属であったため、当初の愛称は「雷」であった。

訓練中に不時着大破した261空「虎」部隊の零戦二一型。胴体は日の丸後方から完全に切断されてしまっている。ちょうどその千切れた部分から後方に斜め方向と合わせ2本の白帯が見えるが、主翼上面にも白帯1本をたすき状に記入している。こうした標識は若年搭乗員たちが編隊飛行の際の目安とする工夫であった。

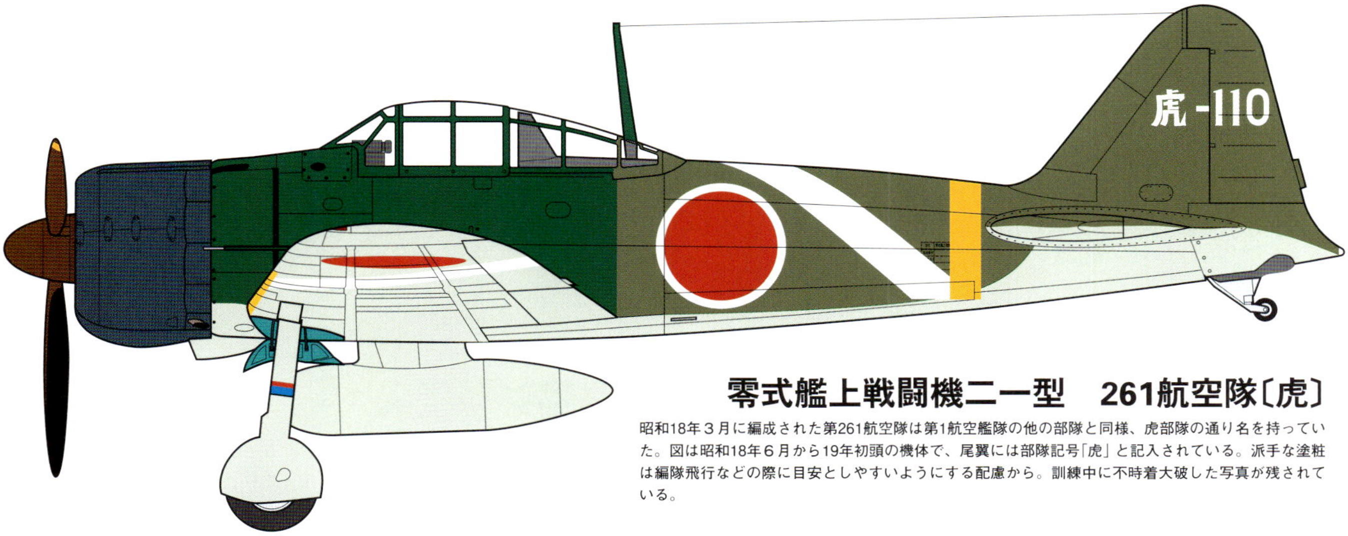

零式艦上戦闘機二一型　261航空隊〔虎〕

昭和18年３月に編成された第261航空隊は第1航空艦隊の他の部隊と同様、虎部隊の通り名を持っていた。図は昭和18年６月から19年初頭の機体で、尾翼には部隊記号「虎」と記入されている。派手な塗粧は編隊飛行などの際に目安としやすいようにする配慮から。訓練中に不時着大破した写真が残されている。

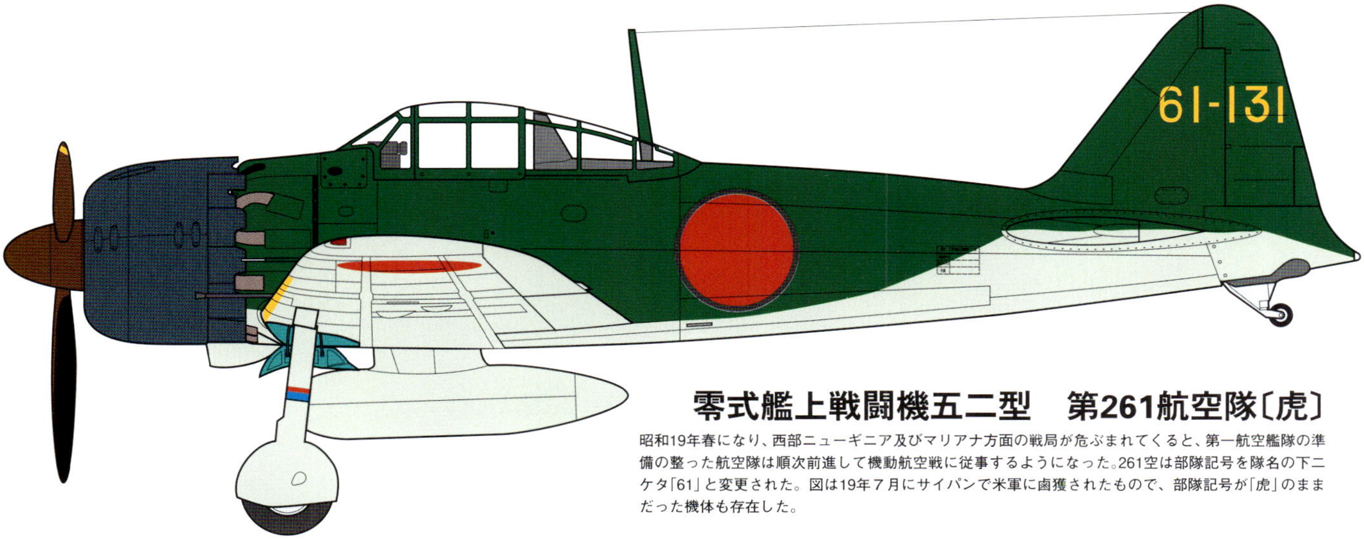

零式艦上戦闘機五二型　第261航空隊〔虎〕

昭和19年春になり、西部ニューギニア及びマリアナ方面の戦局が危ぶまれてくると、第一航空艦隊の準備の整った航空隊は順次前進して機動航空戦に従事するようになった。261空は部隊記号を隊名の下二ケタ「61」と変更された。図は19年７月にサイパンで米軍に鹵獲されたもので、部隊記号が「虎」のままだった機体も存在した。

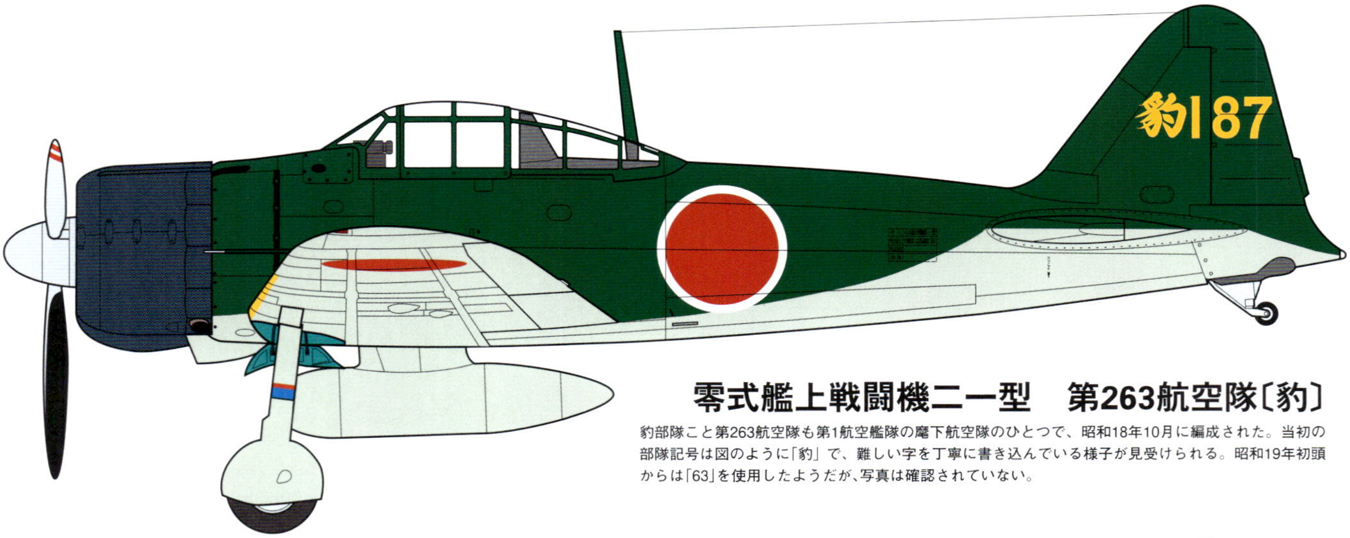

零式艦上戦闘機二一型　第263航空隊〔豹〕

豹部隊こと第263航空隊も第1航空艦隊の麾下航空隊のひとつで、昭和18年10月に編成された。当初の部隊記号は図のように「豹」で、難しい字を丁寧に書き込んでいる様子が見受けられる。昭和19年初頭からは「63」を使用したようだが、写真は確認されていない。

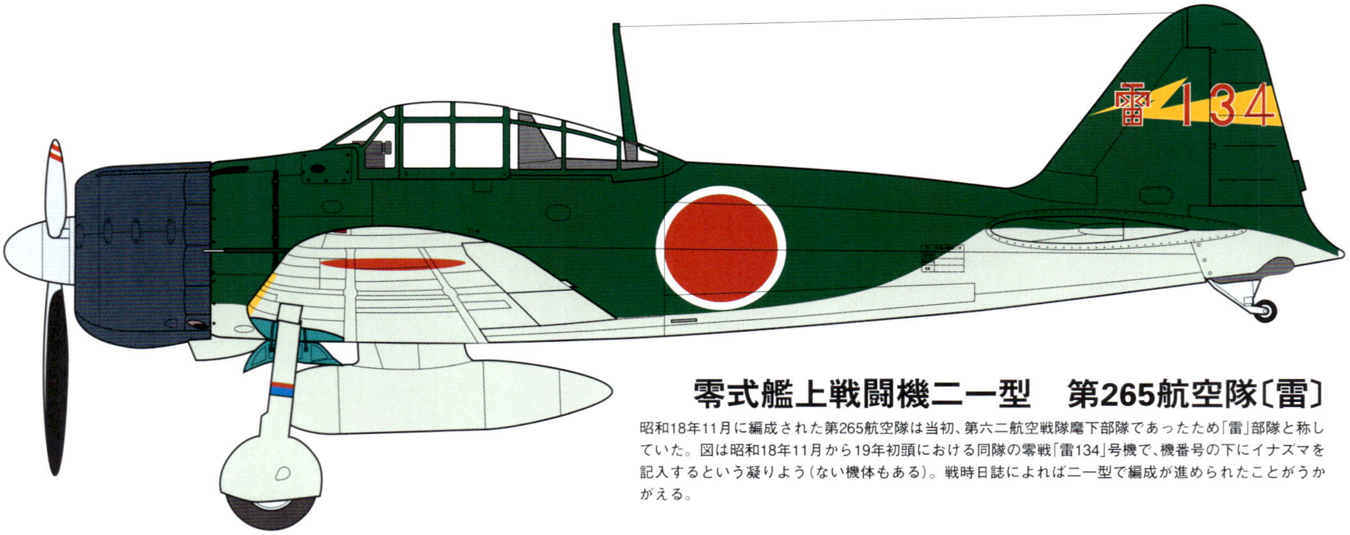

零式艦上戦闘機二一型　第265航空隊〔雷〕

昭和18年11月に編成された第265航空隊は当初、第六二航空戦隊麾下部隊であったため「雷」部隊と称していた。図は昭和18年11月から19年初頭における同隊の零戦「雷134」号機で、機番号の下にイナズマを記入するという凝りよう（ない機体もある）。戦時日誌によれば二一型で編成が進められたことがうかがえる。

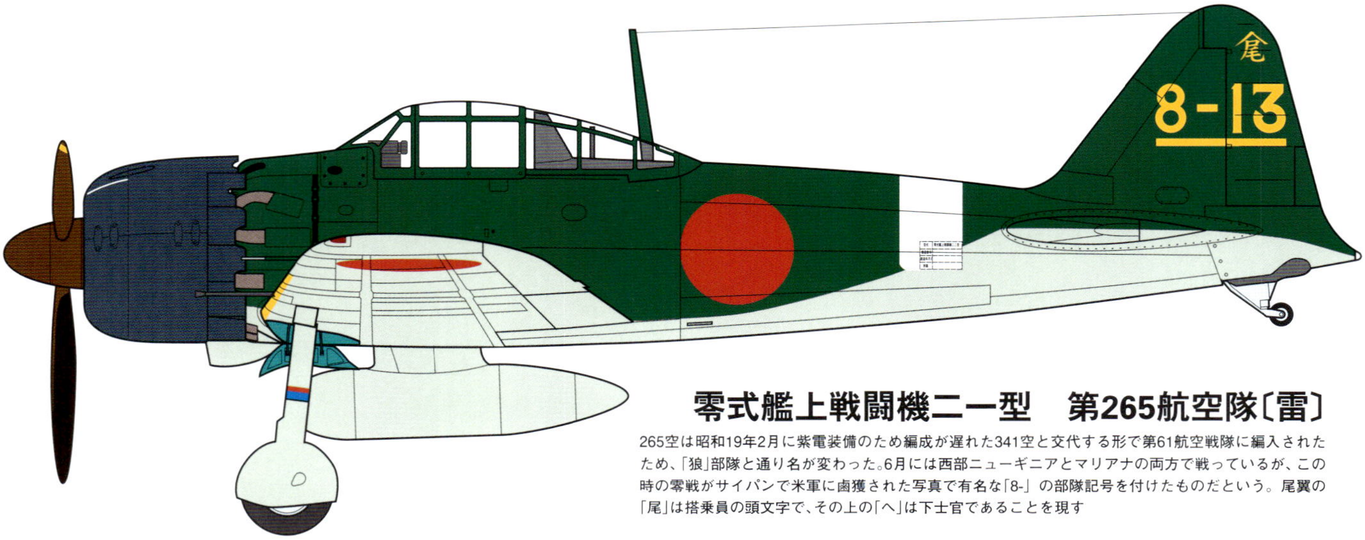

零式艦上戦闘機二一型　第265航空隊〔雷〕

265空は昭和19年2月に紫電装備のため編成が遅れた341空と交代する形で第61航空戦隊に編入されたため、「狼」部隊と通り名が変わった。6月には西部ニューギニアとマリアナの両方で戦っているが、この時の零戦がサイパンで米軍に鹵獲された写真で有名な「8-」の部隊記号を付けたものだという。尾翼の「尾」は搭乗員の頭文字で、その上の「へ」は下士官であることを現す

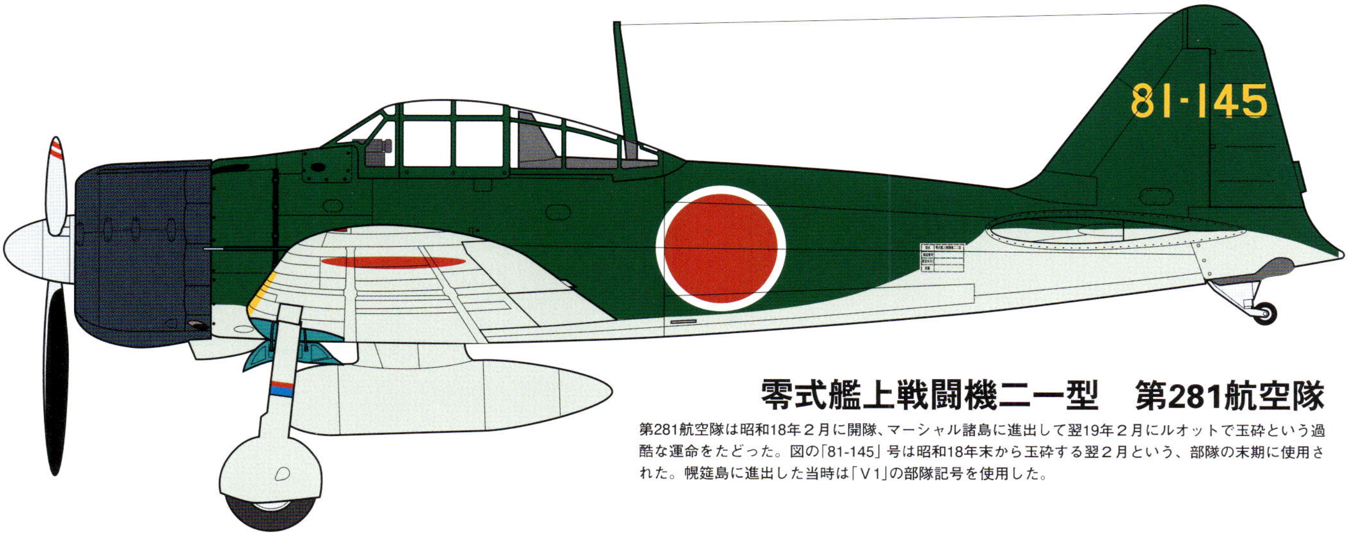

零式艦上戦闘機二一型　第281航空隊

第281航空隊は昭和18年２月に開隊、マーシャル諸島に進出して翌19年２月にルオットで玉砕という過酷な運命をたどった。図の「81-145」号は昭和18年末から玉砕する翌２月という、部隊の末期に使用された。幌筵島に進出した当時は「V1」の部隊記号を使用した。

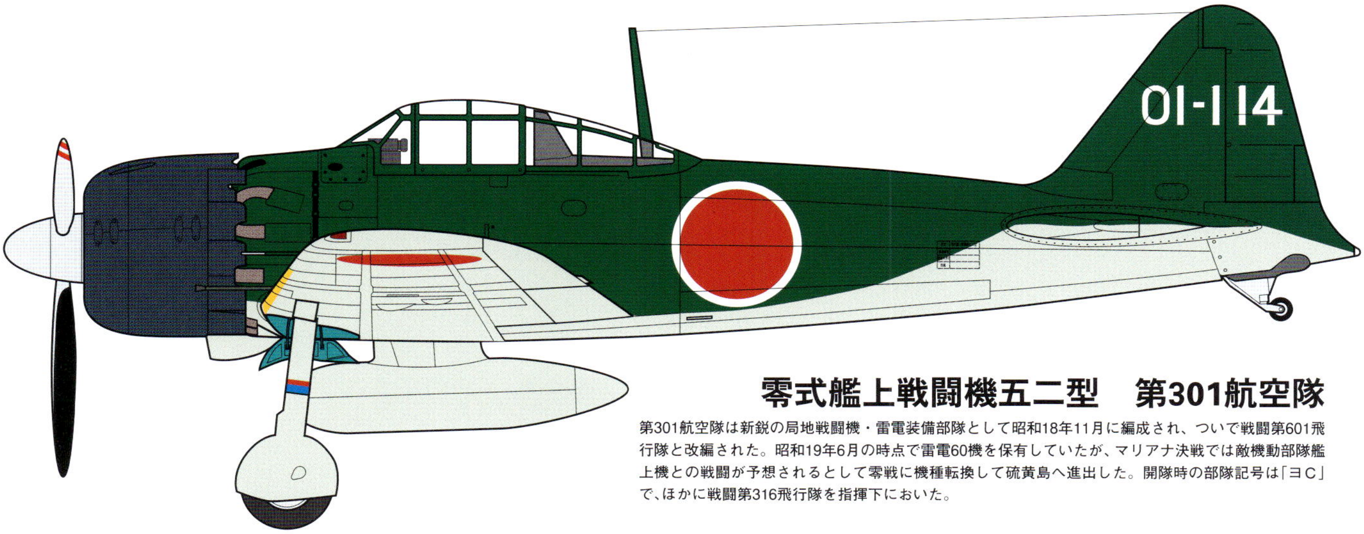

零式艦上戦闘機五二型　第301航空隊

第301航空隊は新鋭の局地戦闘機・雷電装備部隊として昭和18年11月に編成され、ついで戦闘第601飛行隊と改編された。昭和19年6月の時点で雷電60機を保有していたが、マリアナ決戦では敵機動部隊艦上機との戦闘が予想されるとして零戦に機種転換して硫黄島へ進出した。開隊時の部隊記号は「ヨC」で、ほかに戦闘第316飛行隊を指揮下においた。

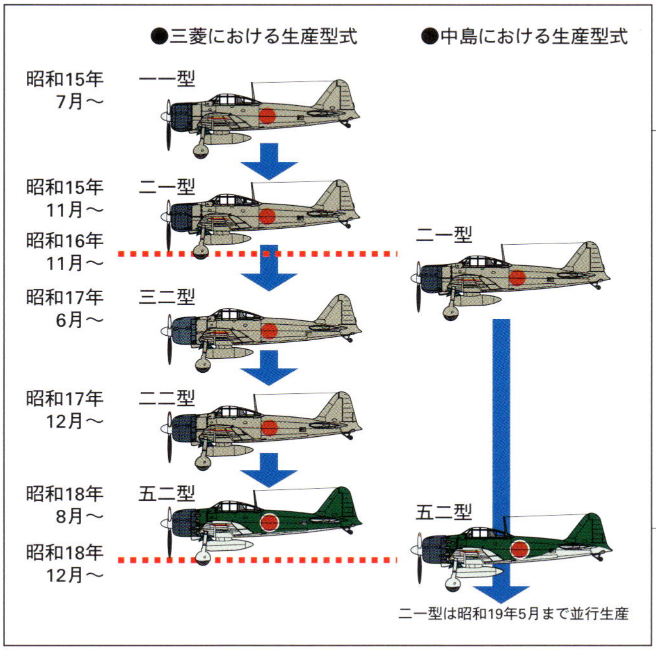

零戦二一型は昭和19年でも主力!?

三菱重工での零戦の生産が三二型、ついで二二型と発展していく一方、ライセンス生産が行なわれていた中島飛行機では昭和16年11月以来、変わらず二一型の製造が続けられた。これは、「二号零戦問題（三二型の航続力不足）」の影響や、中島が生産転換をする際に、その準備のため生産機数が減少することを避けるためだった。イラストはその状況をわかりやすく図示したもの。強力な敵戦闘機が次々と出現しているのに旧来の二一型では不利ではないかと思えるが、中島で生産された二一型はあらかじめ主翼外板を厚くする下川事故対策を施して製作されており、最高速度は535km/hに向上していて、高度4000mであれば二二型とさほど変わらず、急降下制限速度は同じ629km/hで同等だ（航続力は二一型に分がある）。このため、二二型は抜き差しならない南東方面の戦場に展開する基地航空隊（204空、582空、251空、201空など）へ優先的に供給され、それ以外の基地航空隊（202空など）や空母飛行機隊には二一型が供給された。

昭和18年8月、三菱での五二型生産機が完成しはじめ、追って12月には中島でも五二型が完成する一方で、中島製二一型は並行して作り続けられていた。生産転換ではなく、製造ラインを増やしたのだ。中島での最後の二一型の生産が終了したのは昭和19年5月であった。こうした状況もあり、昭和18年夏頃から基地機動部隊として編成が急がれた第一航空艦隊麾下の航空隊の主装備機には二一型が供給された。ここで紹介する機体に二一型が思いのほか多いのはそのためである。

番号冠称航空隊の零戦

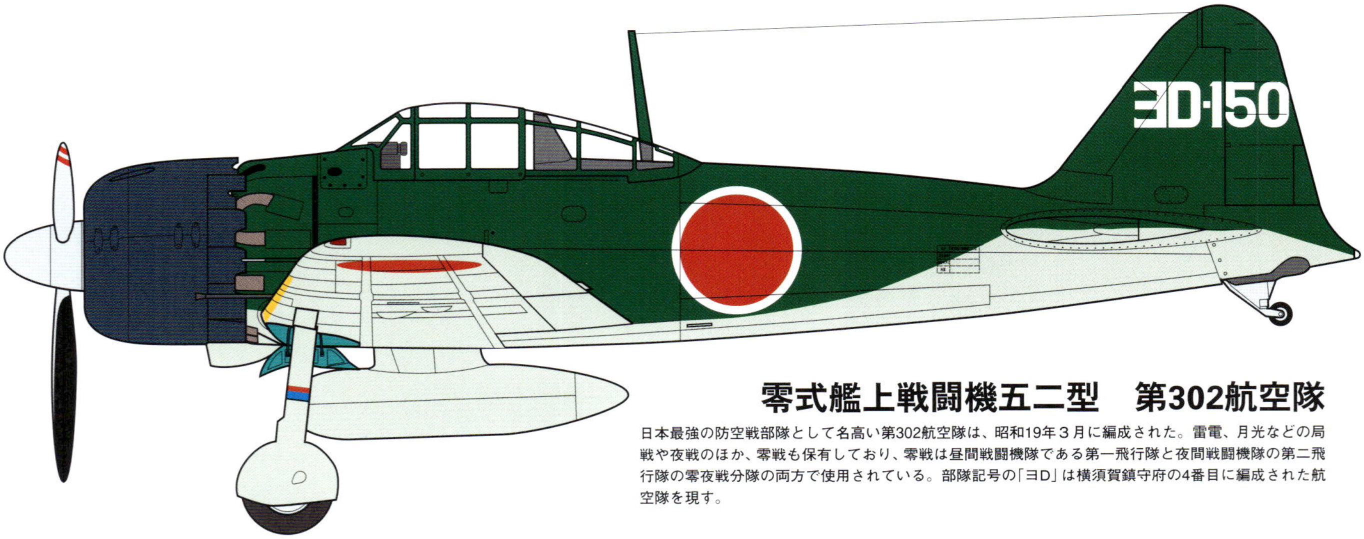

零式艦上戦闘機五二型　第302航空隊

日本最強の防空戦部隊として名高い第302航空隊は、昭和19年３月に編成された。雷電、月光などの局戦や夜戦のほか、零戦も保有しており、零戦は昼間戦闘機隊である第一飛行隊と夜間戦闘機隊の第二飛行隊の零夜戦分隊の両方で使用されている。部隊記号の「ヨD」は横須賀鎮守府の4番目に編成された航空隊を現す。

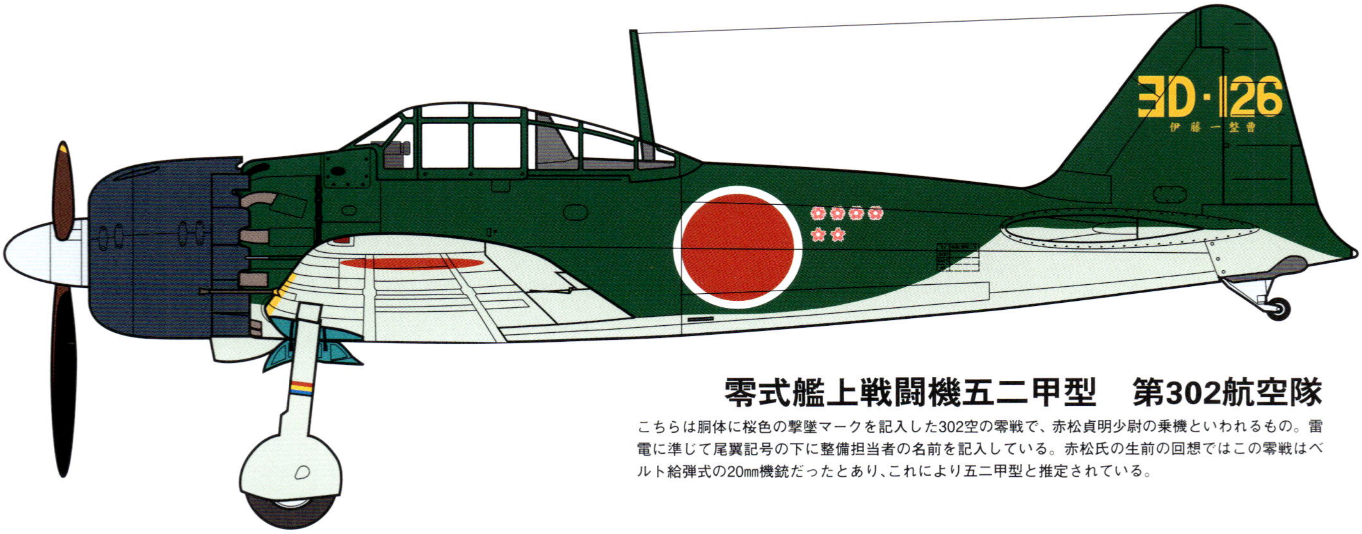

零式艦上戦闘機五二甲型　第302航空隊

こちらは胴体に桜色の撃墜マークを記入した302空の零戦で、赤松貞明少尉の乗機といわれるもの。雷電に準じて尾翼記号の下に整備担当者の名前を記入している。赤松氏の生前の回想ではこの零戦はベルト給弾式の20㎜機銃だったとあり、これにより五二甲型と推定されている。

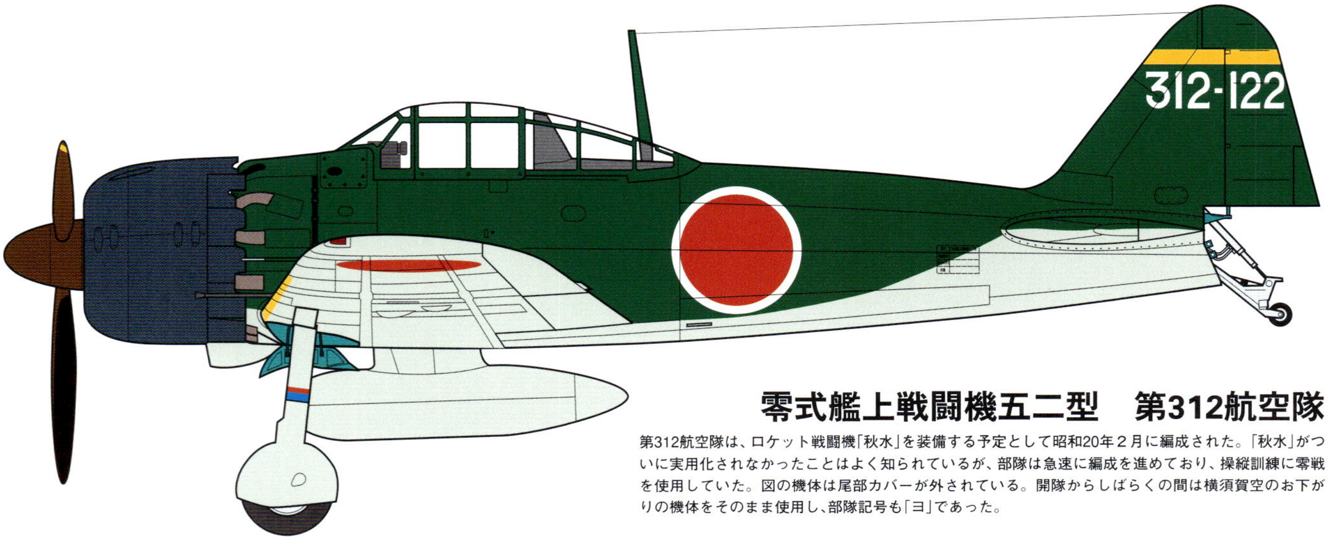

零式艦上戦闘機五二型　第312航空隊

第312航空隊は、ロケット戦闘機「秋水」を装備する予定として昭和20年２月に編成された。「秋水」がついに実用化されなかったことはよく知られているが、部隊は急速に編成を進めており、操縦訓練に零戦を使用していた。図の機体は尾部カバーが外されている。開隊からしばらくの間は横須賀空のお下がりの機体をそのまま使用し、部隊記号も「ヨ」であった。

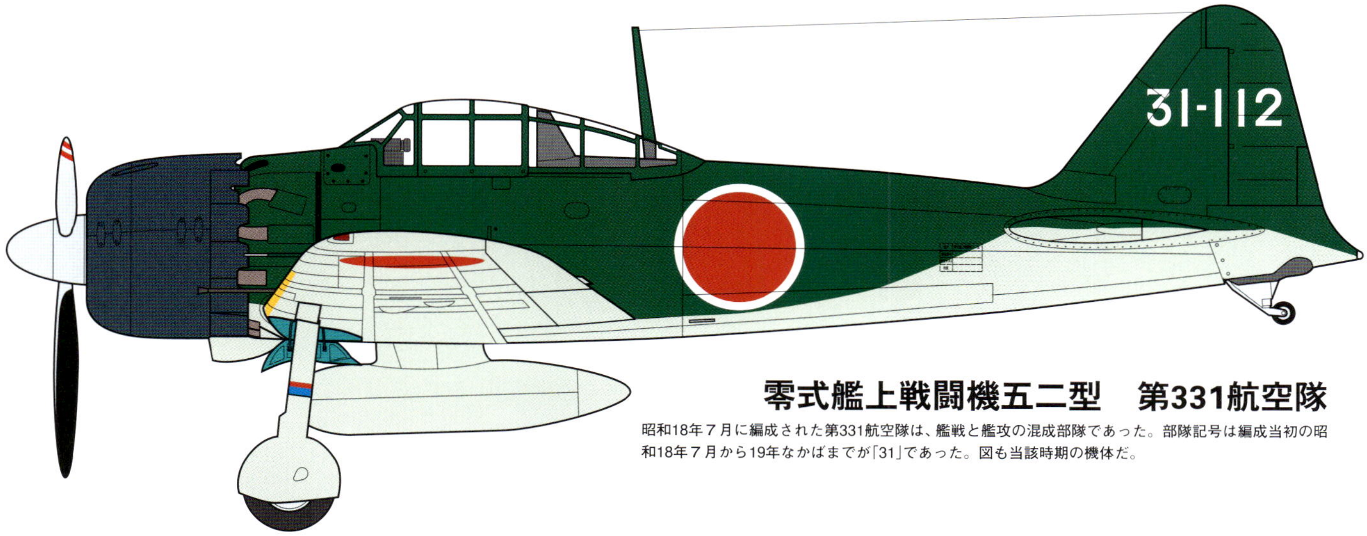

零式艦上戦闘機五二型　第331航空隊

昭和18年７月に編成された第331航空隊は、艦戦と艦攻の混成部隊であった。部隊記号は編成当初の昭和18年７月から19年なかばまでが「31」であった。図も当該時期の機体だ。

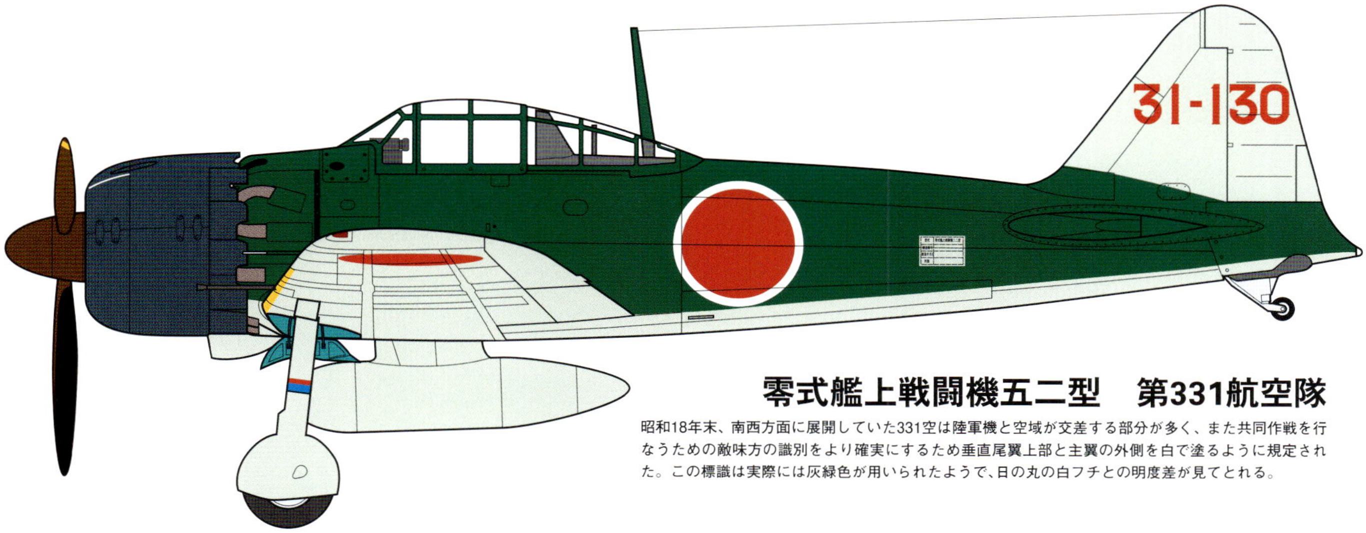

零式艦上戦闘機五二型　第331航空隊

昭和18年末、南西方面に展開していた331空は陸軍機と空域が交差する部分が多く、また共同作戦を行なうための敵味方の識別をより確実にするため垂直尾翼上部と主翼の外側を白で塗るように規定された。この標識は実際には灰緑色が用いられたようで、日の丸の白フチとの明度差が見てとれる。

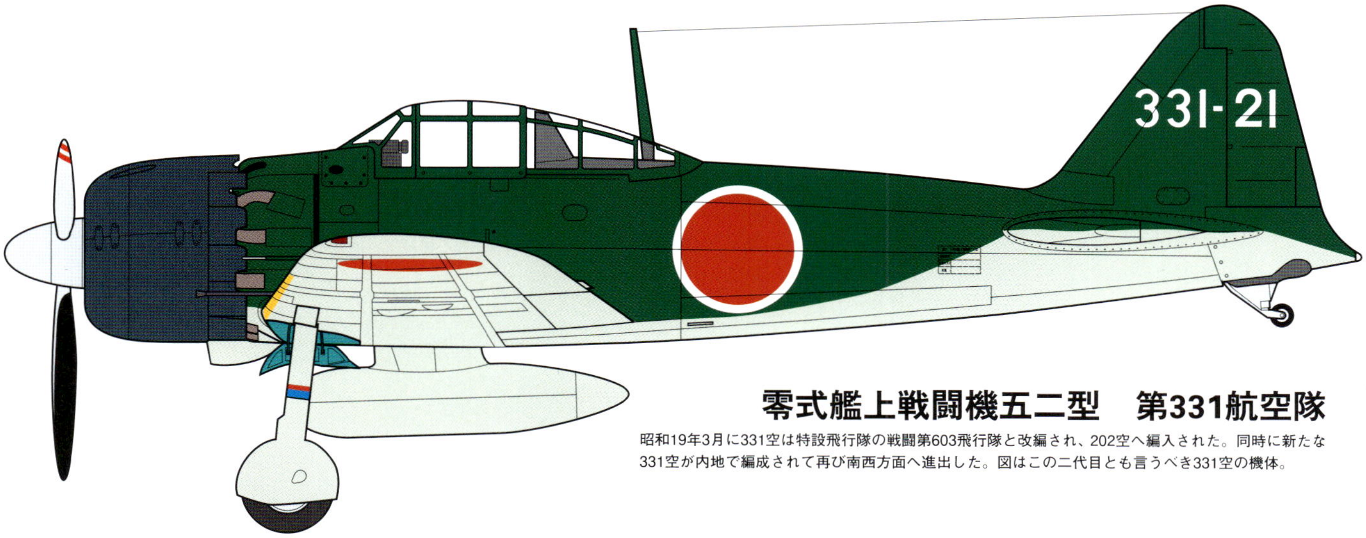

零式艦上戦闘機五二型　第331航空隊

昭和19年3月に331空は特設飛行隊の戦闘第603飛行隊と改編され、202空へ編入された。同時に新たな331空が内地で編成されて再び南西方面へ進出した。図はこの二代目とも言うべき331空の機体。

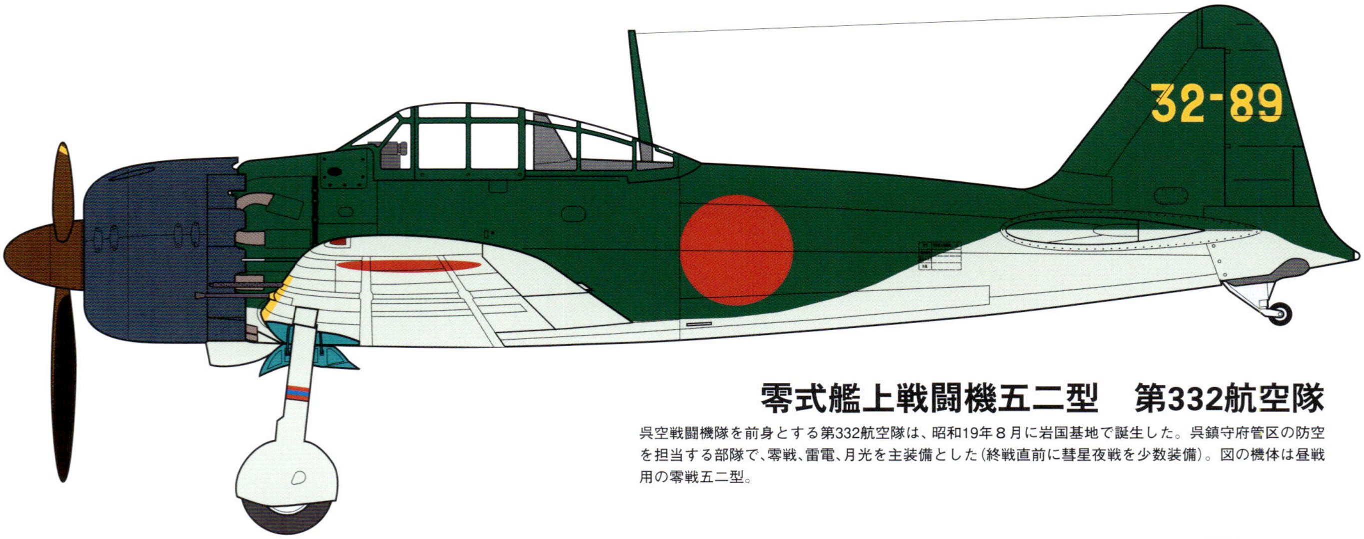

零式艦上戦闘機五二型　第332航空隊

呉空戦闘機隊を前身とする第332航空隊は、昭和19年８月に岩国基地で誕生した。呉鎮守府管区の防空を担当する部隊で、零戦、雷電、月光を主装備とした（終戦直前に彗星夜戦を少数装備）。図の機体は昼戦用の零戦五二型。

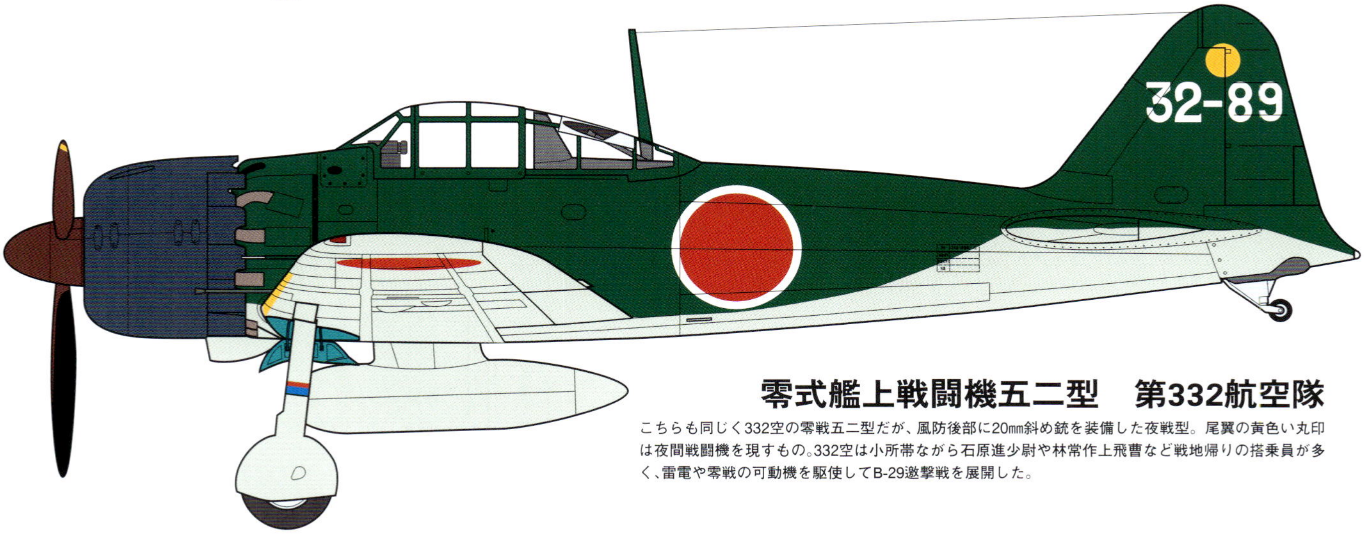

零式艦上戦闘機五二型　第332航空隊

こちらも同じく332空の零戦五二型だが、風防後部に20㎜斜め銃を装備した夜戦型。尾翼の黄色い丸印は夜間戦闘機を現すもの。332空は小所帯ながら石原進少尉や林常作上飛曹など戦地帰りの搭乗員が多く、雷電や零戦の可動機を駆使してB-29邀撃戦を展開した。

兵庫県鳴尾基地に展開する332空の零戦。左は昼戦用の五二丙型で、右は機番号の上に黄色の丸印を付けており五二夜戦型のようだ。

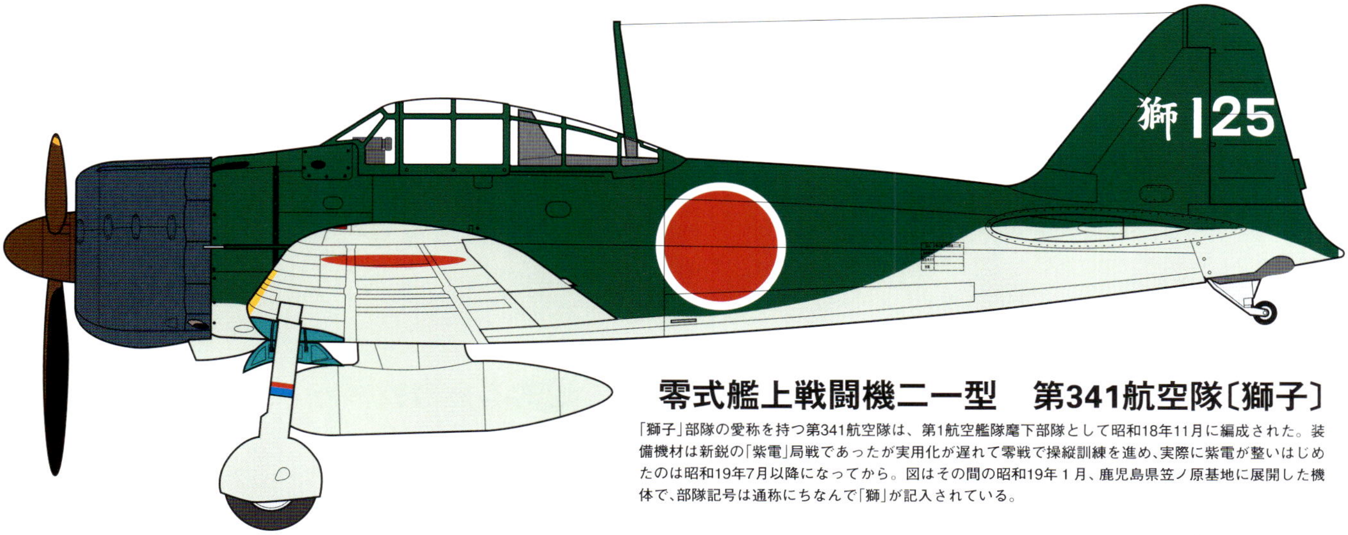

零式艦上戦闘機二一型　第341航空隊〔獅子〕

「獅子」部隊の愛称を持つ第341航空隊は、第1航空艦隊麾下部隊として昭和18年11月に編成された。装備機材は新鋭の「紫電」局戦であったが実用化が遅れて零戦で操縦訓練を進め、実際に紫電が整いはじめたのは昭和19年7月以降になってから。図はその間の昭和19年１月、鹿児島県笠ノ原基地に展開した機体で、部隊記号は通称にちなんで「獅」が記入されている。

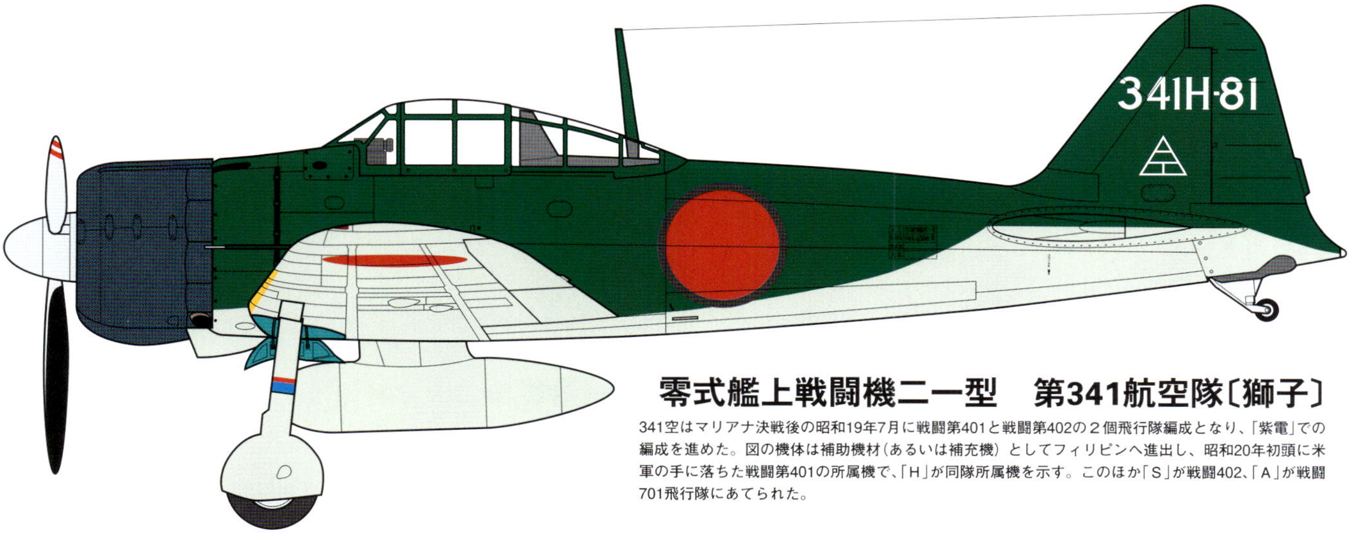

零式艦上戦闘機二一型　第341航空隊〔獅子〕

341空はマリアナ決戦後の昭和19年7月に戦闘第401と戦闘第402の２個飛行隊編成となり、「紫電」での編成を進めた。図の機体は補助機材（あるいは補充機）としてフィリピンへ進出し、昭和20年初頭に米軍の手に落ちた戦闘第401の所属機で、「H」が同隊所属機を示す。このほか「S」が戦闘402、「A」が戦闘701飛行隊にあてられた。

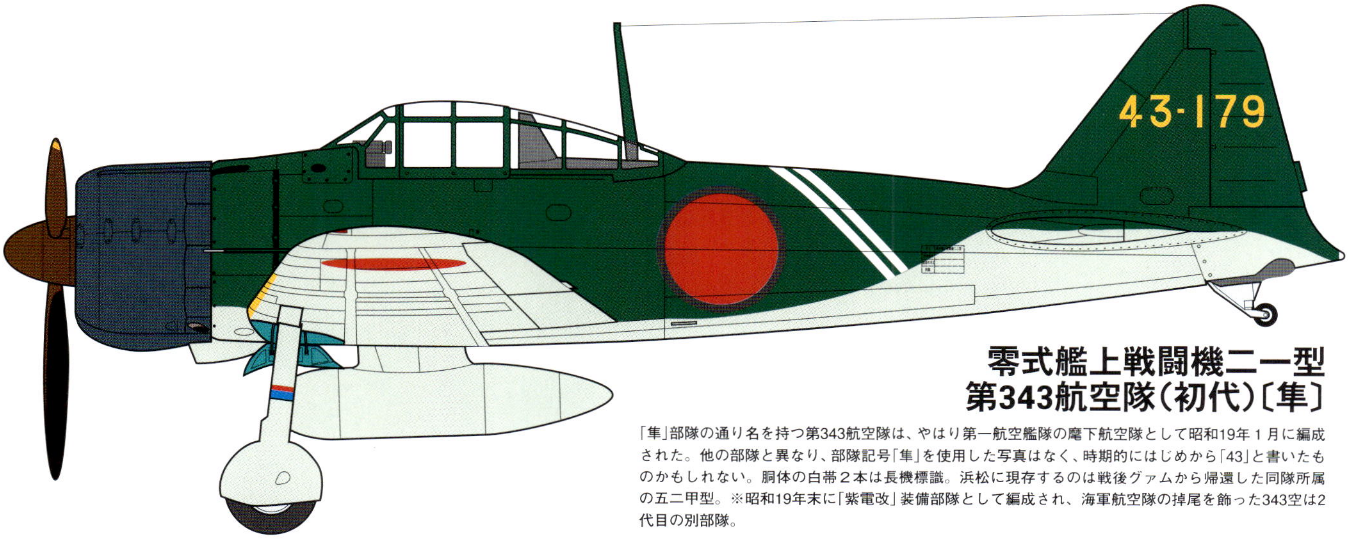

零式艦上戦闘機二一型
第343航空隊（初代）〔隼〕

「隼」部隊の通り名を持つ第343航空隊は、やはり第一航空艦隊の麾下航空隊として昭和19年１月に編成された。他の部隊と異なり、部隊記号「隼」を使用した写真はなく、時期的にはじめから「43」と書いたものかもしれない。胴体の白帯２本は長機標識。浜松に現存するのは戦後グァムから帰還した同隊所属の五二甲型。※昭和19年末に「紫電改」装備部隊として編成され、海軍航空隊の掉尾を飾った343空は2代目の別部隊。

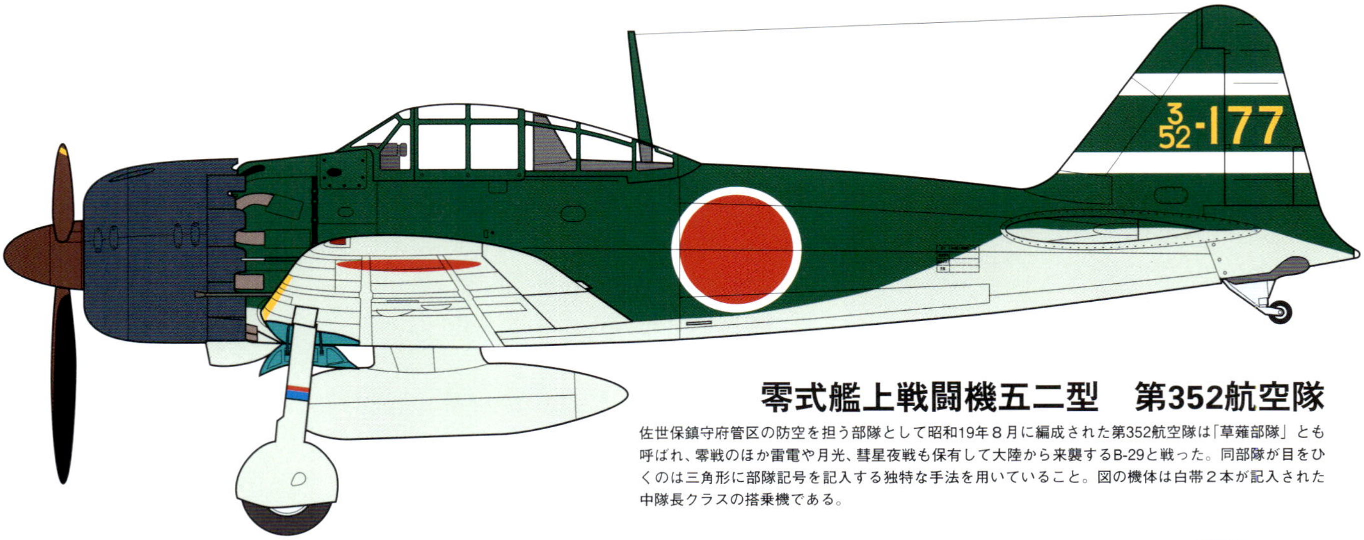

零式艦上戦闘機五二型　第352航空隊

佐世保鎮守府管区の防空を担う部隊として昭和19年８月に編成された第352航空隊は「草薙部隊」とも呼ばれ、零戦のほか雷電や月光、彗星夜戦も保有して大陸から来襲するB-29と戦った。同部隊が目をひくのは三角形に部隊記号を記入する独特な手法を用いていること。図の機体は白帯２本が記入された中隊長クラスの搭乗機である。

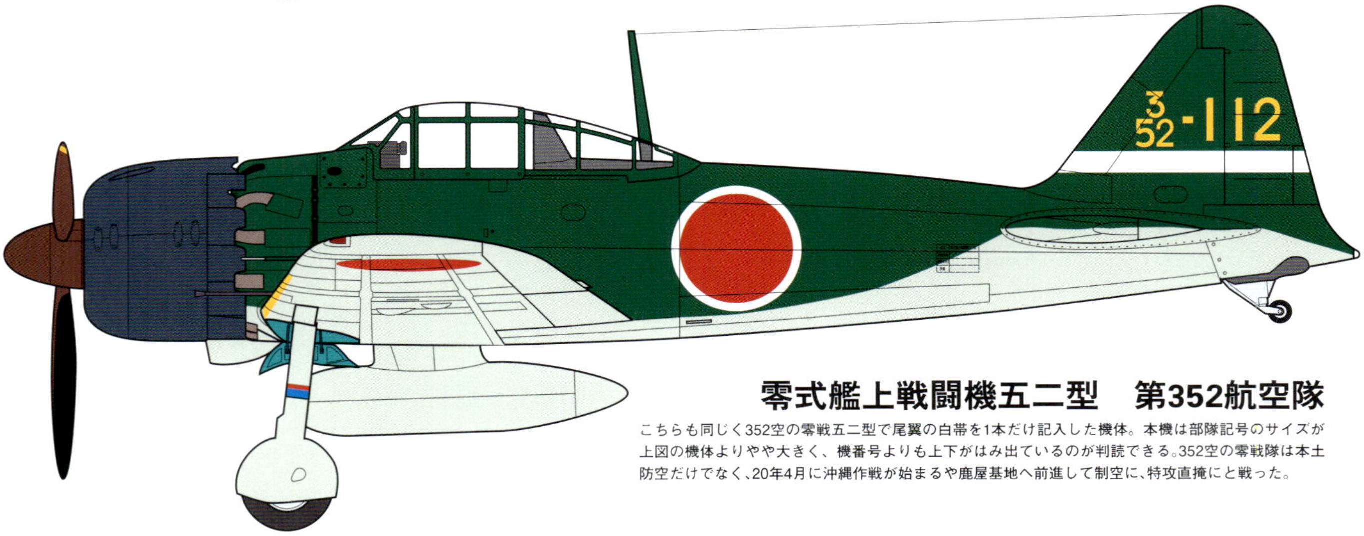

零式艦上戦闘機五二型　第352航空隊

こちらも同じく352空の零戦五二型で尾翼の白帯を1本だけ記入した機体。本機は部隊記号のサイズが上図の機体よりやや大きく、機番号よりも上下がはみ出ているのが判読できる。352空の零戦隊は本土防空だけでなく、20年4月に沖縄作戦が始まるや鹿屋基地へ前進して制空に、特攻直掩にと戦った。

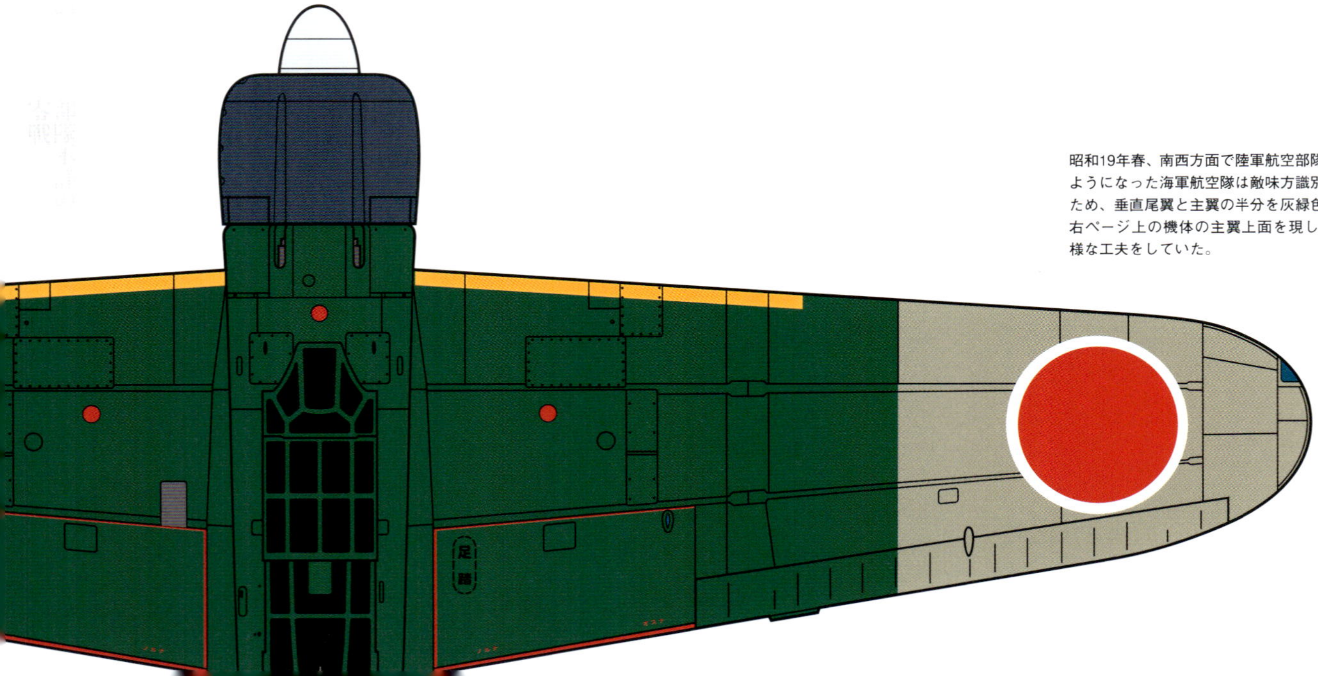

昭和19年春、南西方面で陸軍航空部隊と戦域が交錯するようになった海軍航空隊は敵味方識別をより確実にするため、垂直尾翼と主翼の半分を灰緑色で塗装した。図は右ページ上の機体の主翼上面を現したもの。331空も同様な工夫をしていた。

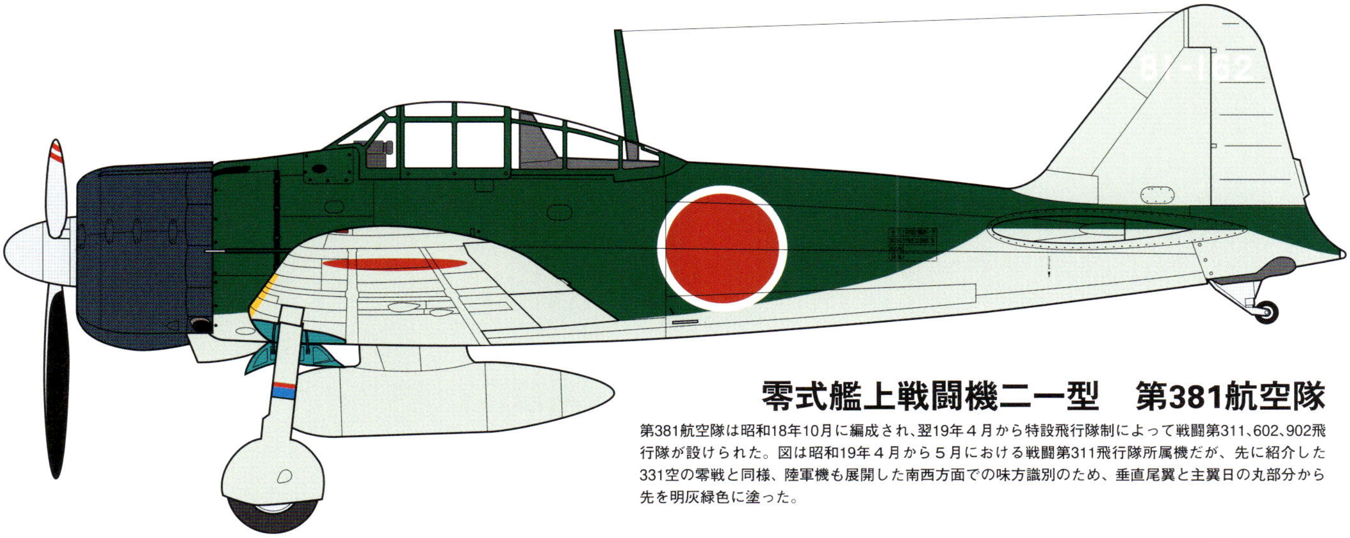

零式艦上戦闘機二一型　第381航空隊

第381航空隊は昭和18年10月に編成され、翌19年４月から特設飛行隊制によって戦闘第311、602、902飛行隊が設けられた。図は昭和19年４月から５月における戦闘第311飛行隊所属機だが、先に紹介した331空の零戦と同様、陸軍機も展開した南西方面での味方識別のため、垂直尾翼と主翼日の丸部分から先を明灰緑色に塗った。

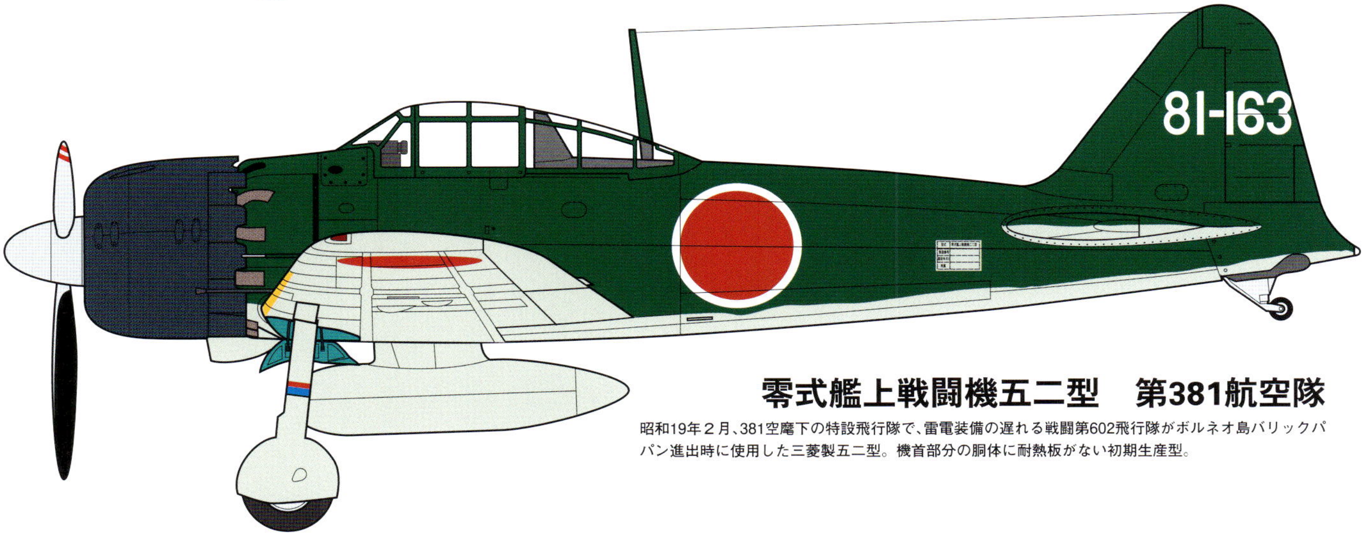

零式艦上戦闘機五二型　第381航空隊

昭和19年２月、381空麾下の特設飛行隊で、雷電装備の遅れる戦闘第602飛行隊がボルネオ島バリックパパン進出時に使用した三菱製五二型。機首部分の胴体に耐熱板がない初期生産型。

豊橋基地であわただしく編成を終え、南西方面へ進出する三八一空の三菱製五二型で、中央に作図のモチーフとなった「81-163」号機が見える。搭乗員のかぶった飛行帽の耳あては空中無線のレシーバーを納めるための半円形のタイプであり、そのコードをゴーグルにうまく巻いている人物もいる。左手前の機体は操縦席のヘッドレスト後方へ、基地移動に備えた荷物を積んでいるのがおもしろい。

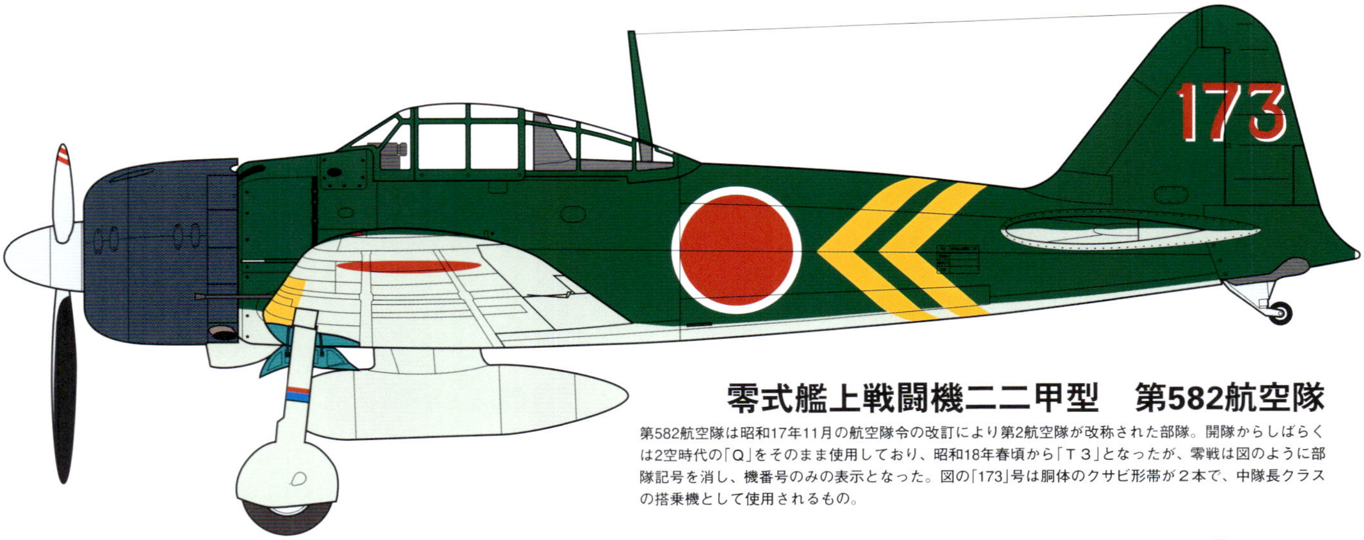

零式艦上戦闘機二二甲型　第582航空隊

第582航空隊は昭和17年11月の航空隊令の改訂により第2航空隊が改称された部隊。開隊からしばらくは2空時代の「Q」をそのまま使用しており、昭和18年春頃から「Ｔ３」となったが、零戦は図のように部隊記号を消し、機番号のみの表示となった。図の「173」号は胴体のクサビ形帯が２本で、中隊長クラスの搭乗機として使用されるもの。

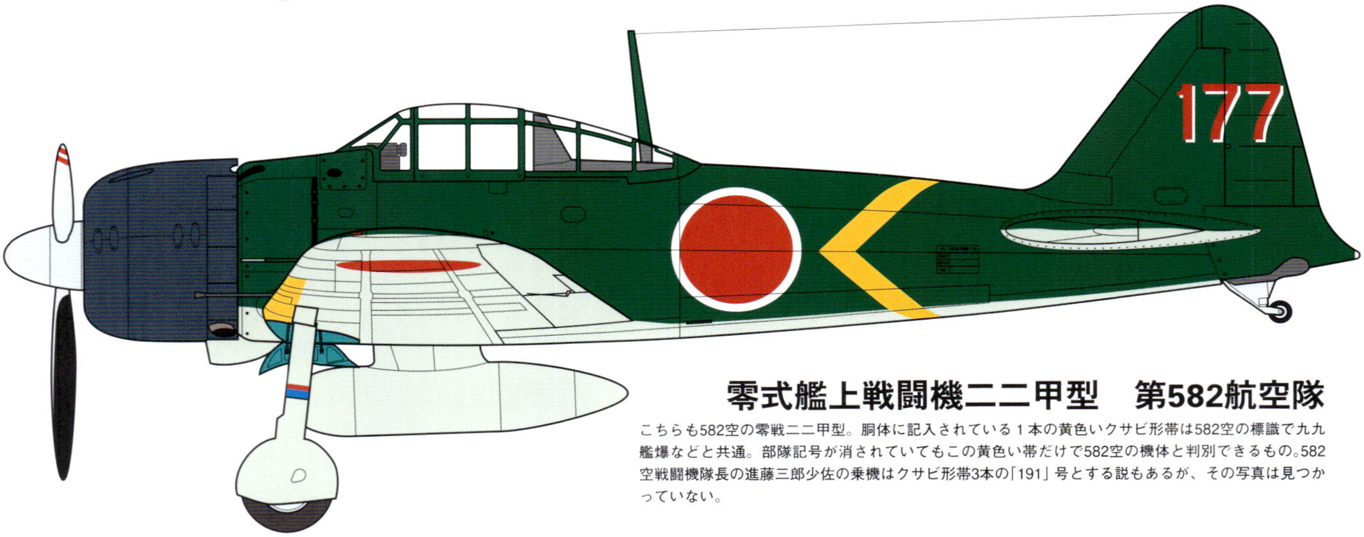

零式艦上戦闘機二二甲型　第582航空隊

こちらも582空の零戦二二甲型。胴体に記入されている１本の黄色いクサビ形帯は582空の標識で九九艦爆などと共通。部隊記号が消されていてもこの黄色い帯だけで582空の機体と判別できるもの。582空戦闘機隊長の進藤三郎少佐の乗機はクサビ形帯3本の「191」号とする説もあるが、その写真は見つかっていない。

ソロモンの航空戦がたけなわとなっていた昭和18年6月、ブーゲンビル島ブイン基地を発進にかかる零戦二二型（おそらく20㎜機銃が長銃身の二号銃となった二二甲型）「188」号機。所属部隊を現す記号は上面迷彩の濃緑色でオーバーラップされているため見えないが、胴体に巻いた黄色のクサビ形帯から582空の所属機と断定できる。このように目立つ日の丸の白フチも塗りつぶすケースが多かったが、上掲図のように鮮やかに残している機体もあった。

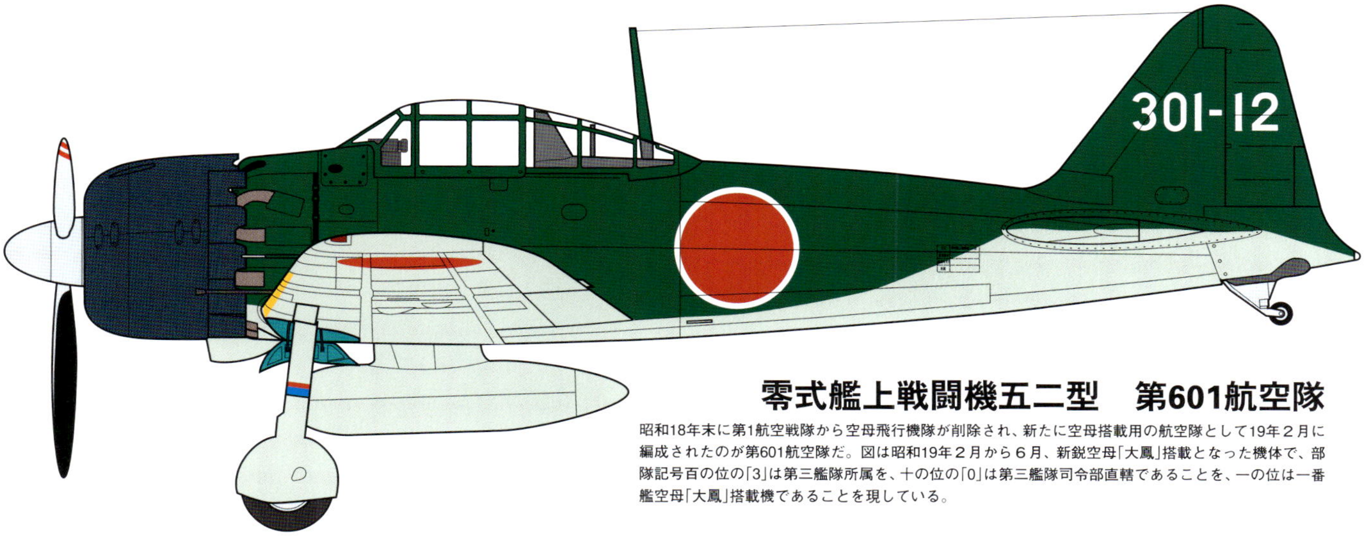

零式艦上戦闘機五二型　第601航空隊

昭和18年末に第1航空戦隊から空母飛行機隊が削除され、新たに空母搭載用の航空隊として19年２月に編成されたのが第601航空隊だ。図は昭和19年２月から６月、新鋭空母「大鳳」搭載となった機体で、部隊記号百の位の「3」は第三艦隊所属を、十の位の「0」は第三艦隊司令部直轄であることを、一の位は一番艦空母「大鳳」搭載機であることを現している。

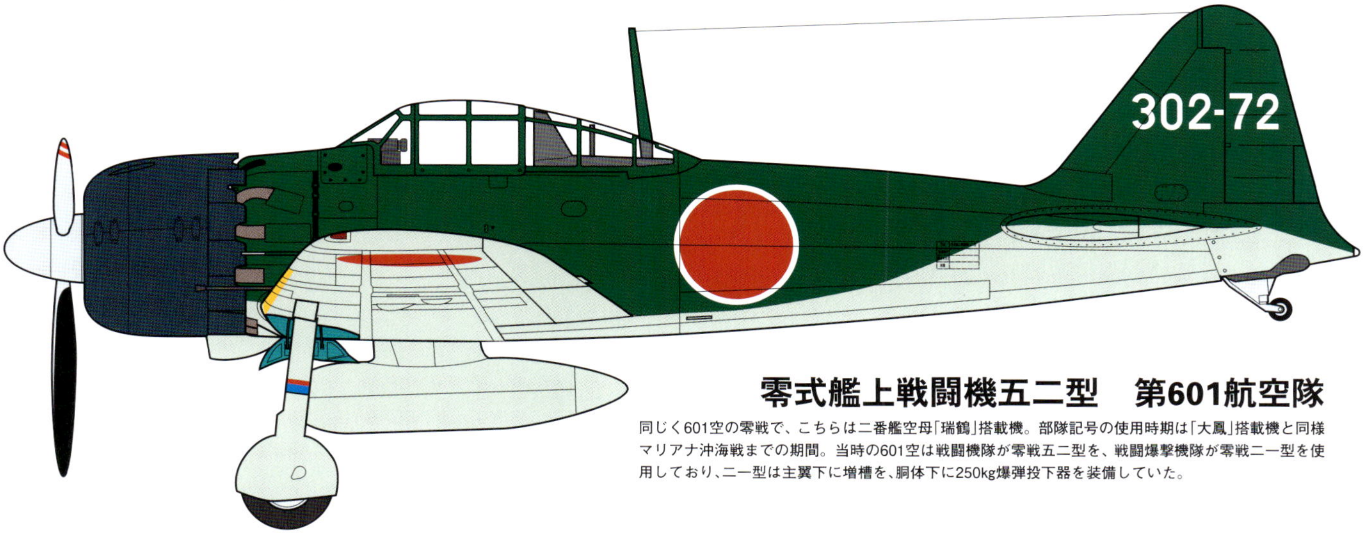

零式艦上戦闘機五二型　第601航空隊

同じく601空の零戦で、こちらは二番艦空母「瑞鶴」搭載機。部隊記号の使用時期は「大鳳」搭載機と同様マリアナ沖海戦までの期間。当時の601空は戦闘機隊が零戦五二型を、戦闘爆撃機隊が零戦二一型を使用しており、二一型は主翼下に増槽を、胴体下に250kg爆弾投下器を装備していた。

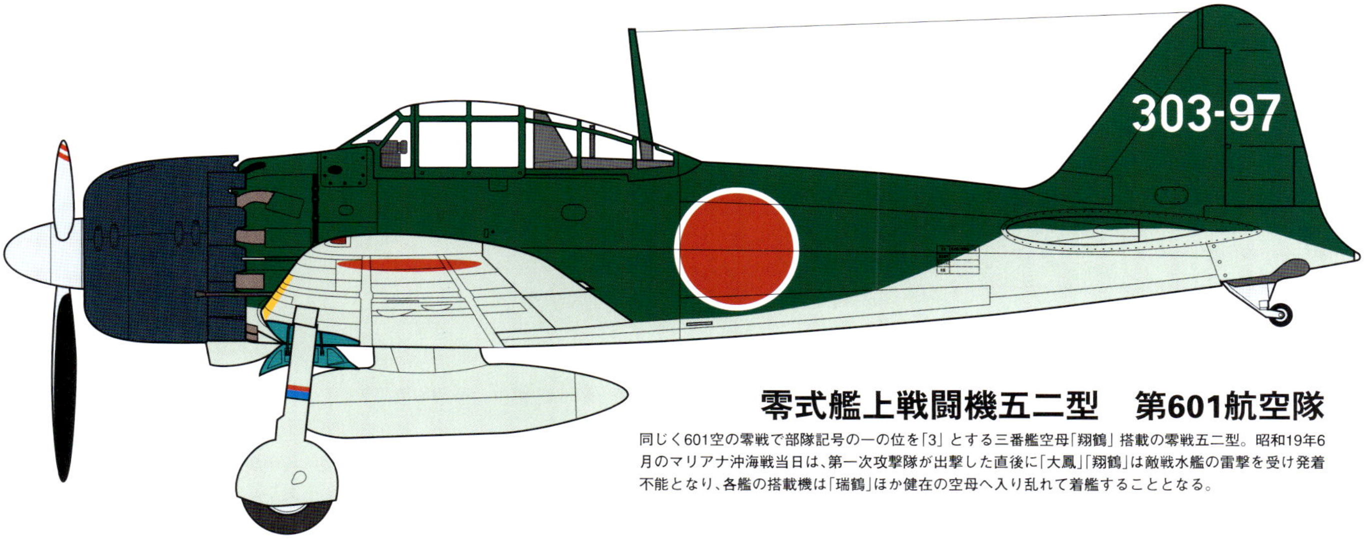

零式艦上戦闘機五二型　第601航空隊

同じく601空の零戦で部隊記号の一の位を「3」とする三番艦空母「翔鶴」搭載の零戦五二型。昭和19年6月のマリアナ沖海戦当日は、第一次攻撃隊が出撃した直後に「大鳳」「翔鶴」は敵戦水艦の雷撃を受け発着不能となり、各艦の搭載機は「瑞鶴」ほか健在の空母へ入り乱れて着艦することとなる。

昭和20年4月、沖縄作戦へ参加するため鹿児島県の鹿屋基地を離陸する601空戦闘第310飛行隊の零戦五二型。2月に第一航空戦隊の再建が断念されると601空は第3航空艦隊に編入され、東日本の防衛と沖縄作戦に活躍した。その最たるものが2月21日の第2御楯隊による硫黄島特攻作戦への参加であろう。

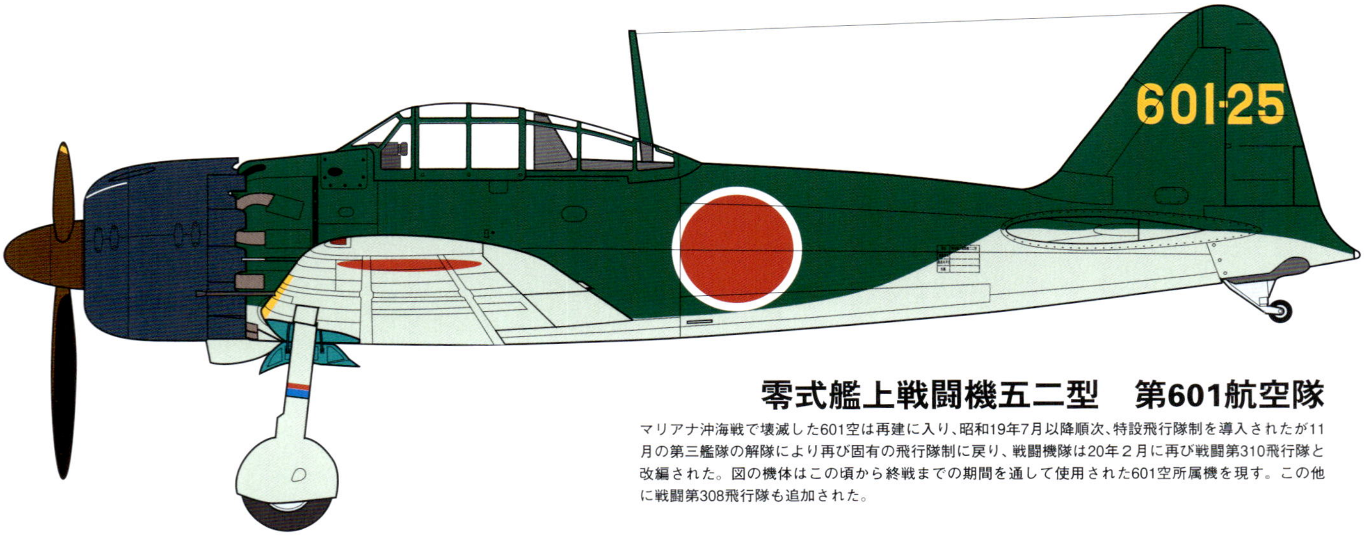

零式艦上戦闘機五二型　第601航空隊

マリアナ沖海戦で壊滅した601空は再建に入り、昭和19年7月以降順次、特設飛行隊制を導入されたが11月の第三艦隊の解隊により再び固有の飛行隊制に戻り、戦闘機隊は20年２月に再び戦闘第310飛行隊と改編された。図の機体はこの頃から終戦までの期間を通して使用された601空所属機を現す。この他に戦闘第308飛行隊も追加された。

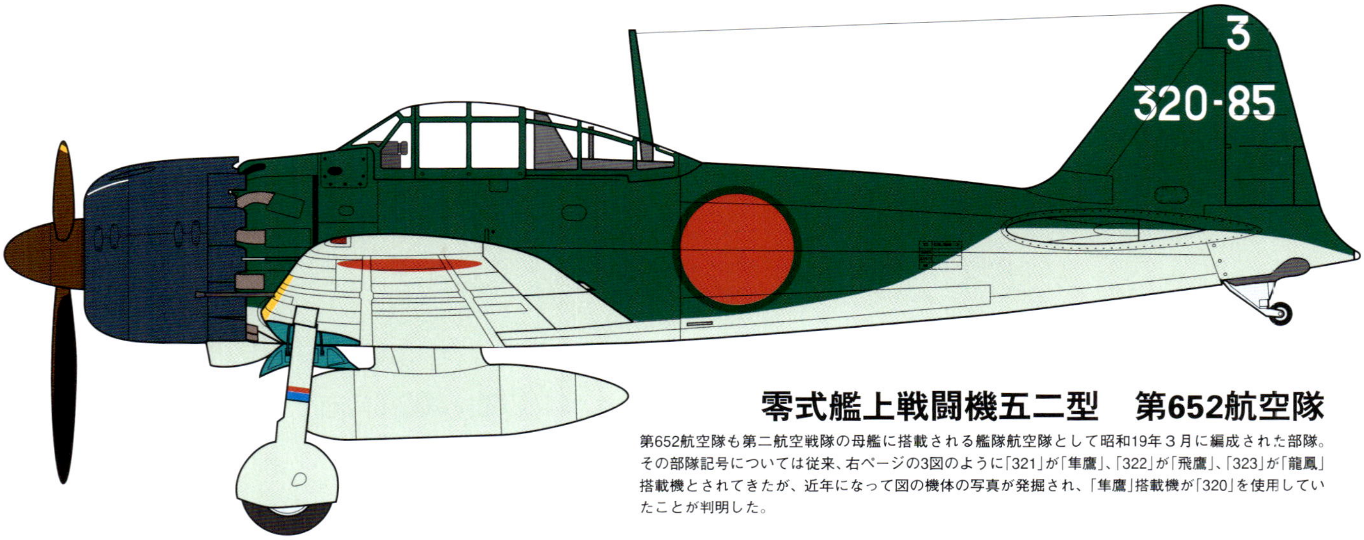

零式艦上戦闘機五二型　第652航空隊

第652航空隊も第二航空戦隊の母艦に搭載される艦隊航空隊として昭和19年３月に編成された部隊。その部隊記号については従来、右ページの3図のように「321」が「隼鷹」、「322」が「飛鷹」、「323」が「龍鳳」搭載機とされてきたが、近年になって図の機体の写真が発掘され、「隼鷹」搭載機が「320」を使用していたことが判明した。

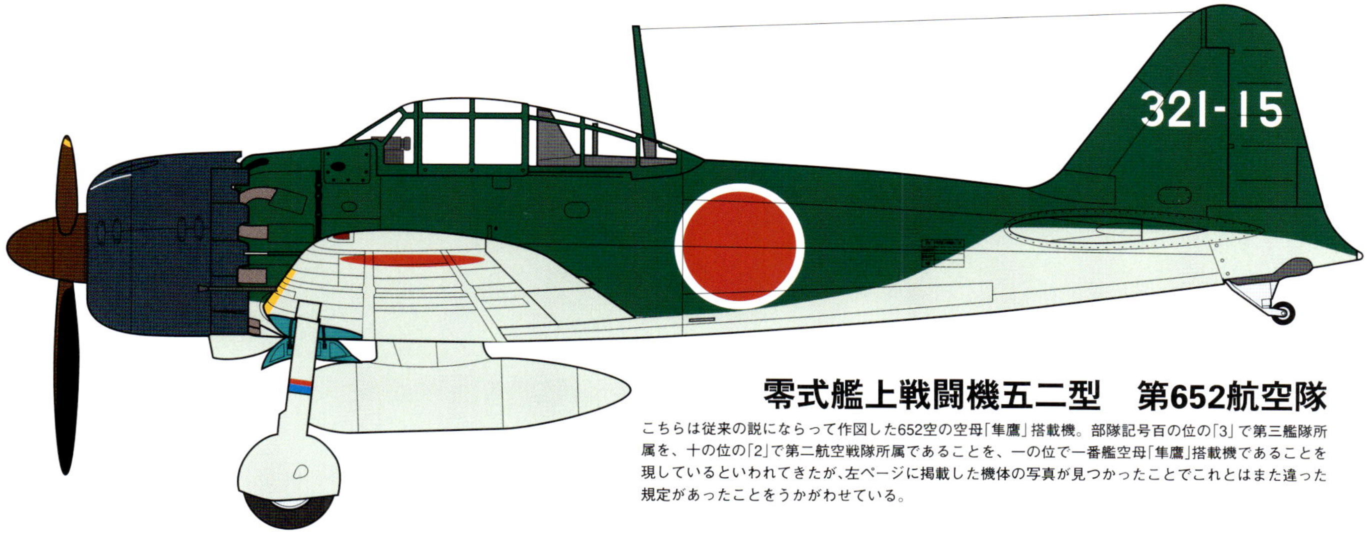

零式艦上戦闘機五二型　第652航空隊

こちらは従来の説にならって作図した652空の空母「隼鷹」搭載機。部隊記号百の位の「3」で第三艦隊所属を、十の位の「2」で第二航空戦隊所属であることを、一の位で一番艦空母「隼鷹」搭載機であることを現しているといわれてきたが、左ページに掲載した機体の写真が見つかったことでこれとはまた違った規定があったことをうかがわせている。

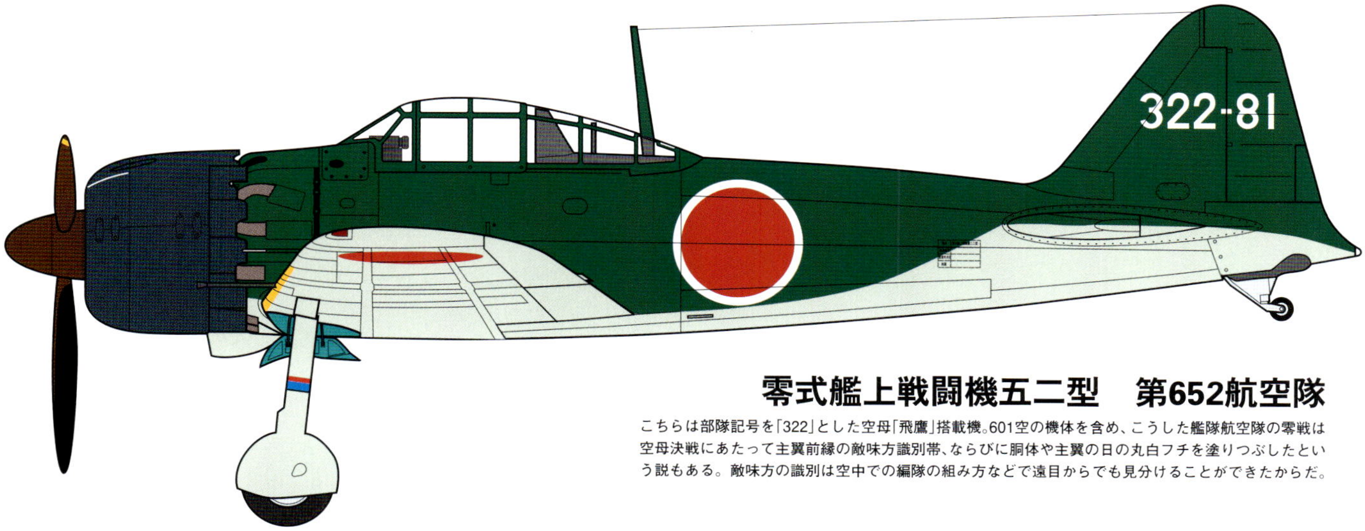

零式艦上戦闘機五二型　第652航空隊

こちらは部隊記号を「322」とした空母「飛鷹」搭載機。601空の機体を含め、こうした艦隊航空隊の零戦は空母決戦にあたって主翼前縁の敵味方識別帯、ならびに胴体や主翼の日の丸白フチを塗りつぶしたという説もある。敵味方の識別は空中での編隊の組み方などで遠目からでも見分けることができたからだ。

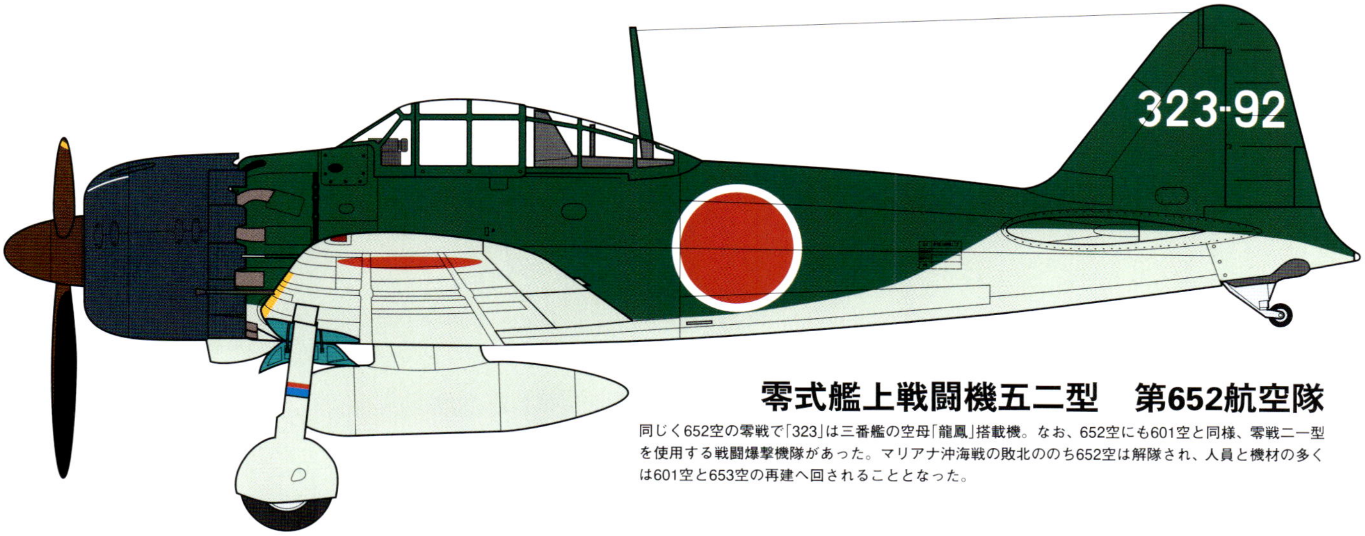

零式艦上戦闘機五二型　第652航空隊

同じく652空の零戦で「323」は三番艦の空母「龍鳳」搭載機。なお、652空にも601空と同様、零戦二一型を使用する戦闘爆撃機隊があった。マリアナ沖海戦の敗北ののち652空は解隊され、人員と機材の多くは601空と653空の再建へ回されることとなった。

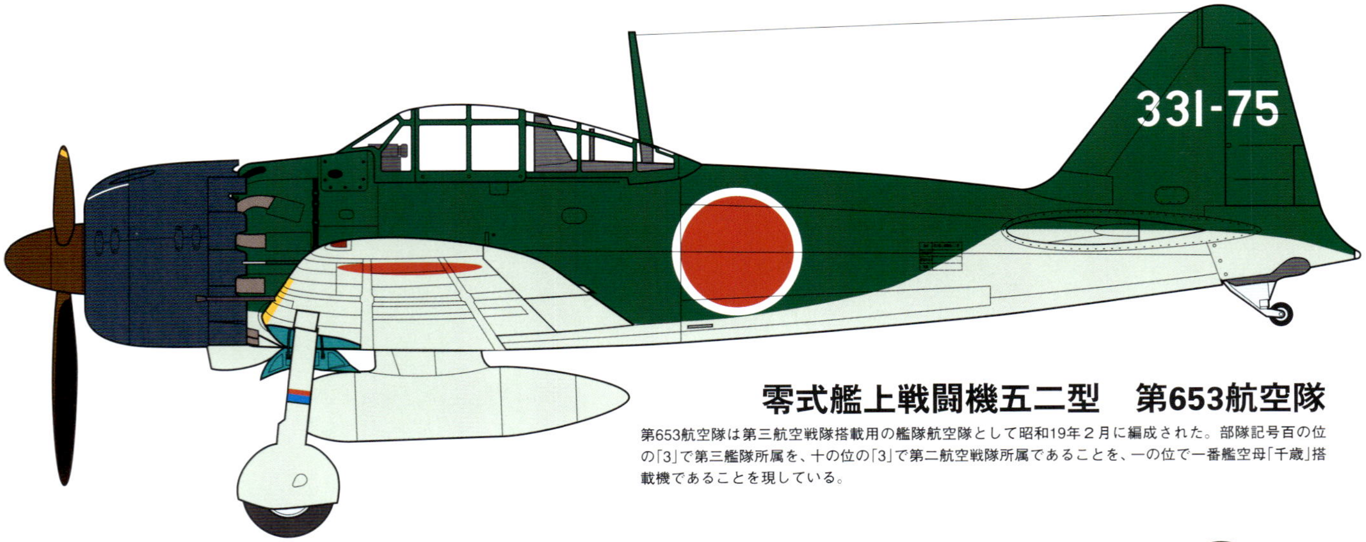

零式艦上戦闘機五二型　第653航空隊

第653航空隊は第三航空戦隊搭載用の艦隊航空隊として昭和19年２月に編成された。部隊記号百の位の「3」で第三艦隊所属を、十の位の「3」で第二航空戦隊所属であることを、一の位で一番艦空母「千歳」搭載機であることを現している。

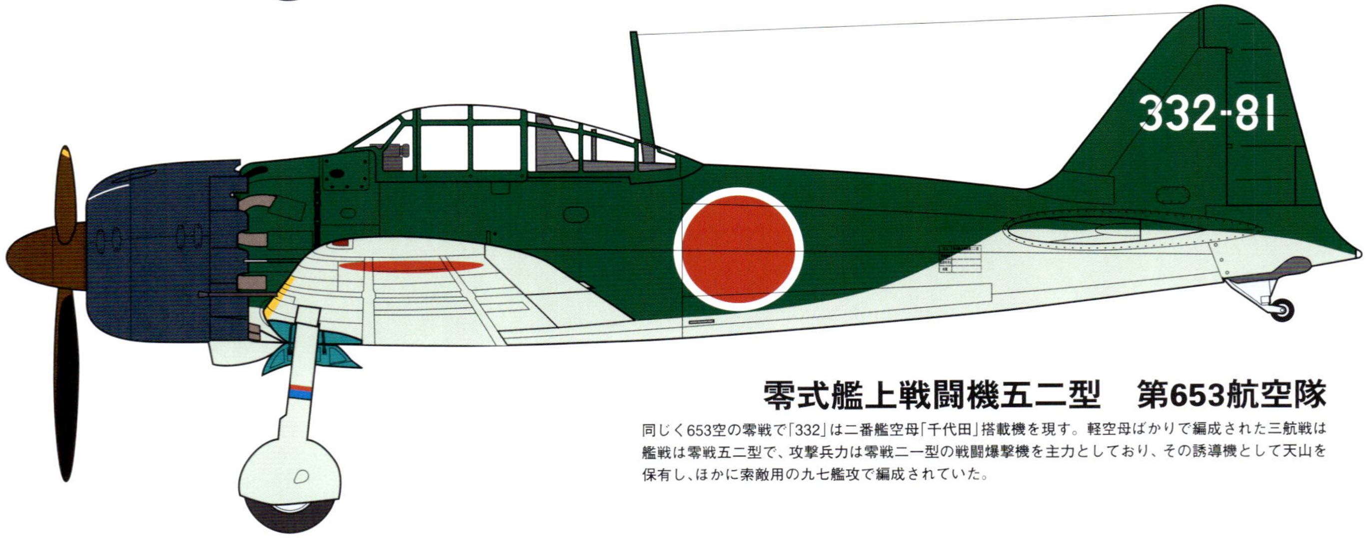

零式艦上戦闘機五二型　第653航空隊

同じく653空の零戦で「332」は二番艦空母「千代田」搭載機を現す。軽空母ばかりで編成された三航戦は艦戦は零戦五二型で、攻撃兵力は零戦二一型の戦闘爆撃機を主力としており、その誘導機として天山を保有し、ほかに索敵用の九七艦攻で編成されていた。

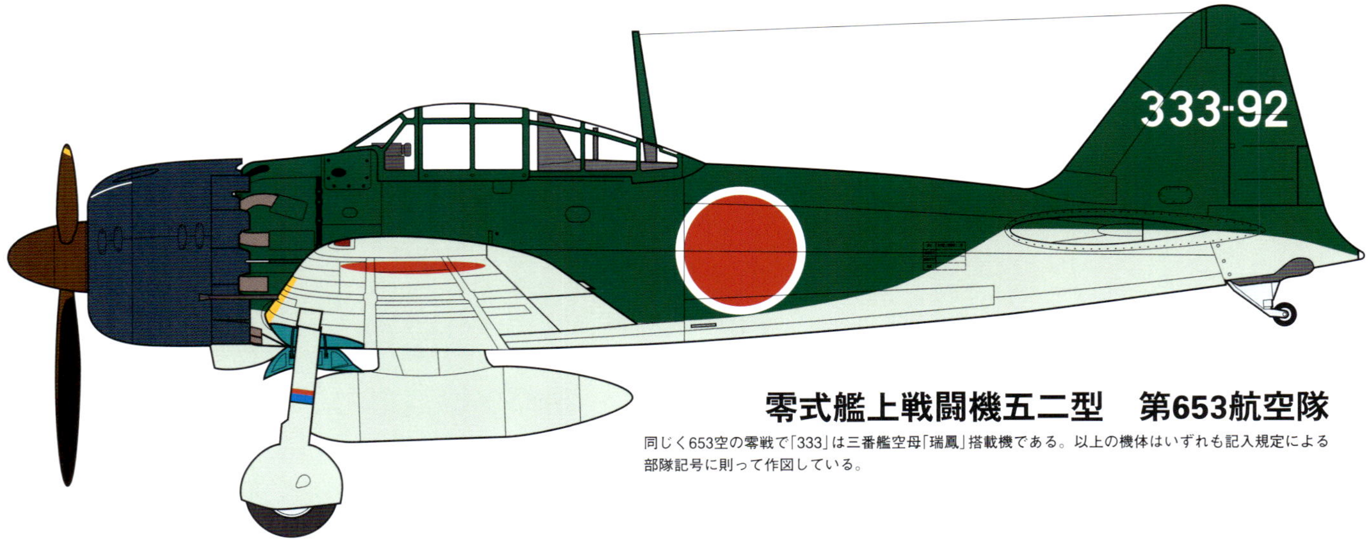

零式艦上戦闘機五二型　第653航空隊

同じく653空の零戦で「333」は三番艦空母「瑞鳳」搭載機である。以上の機体はいずれも記入規定による部隊記号に則って作図している。

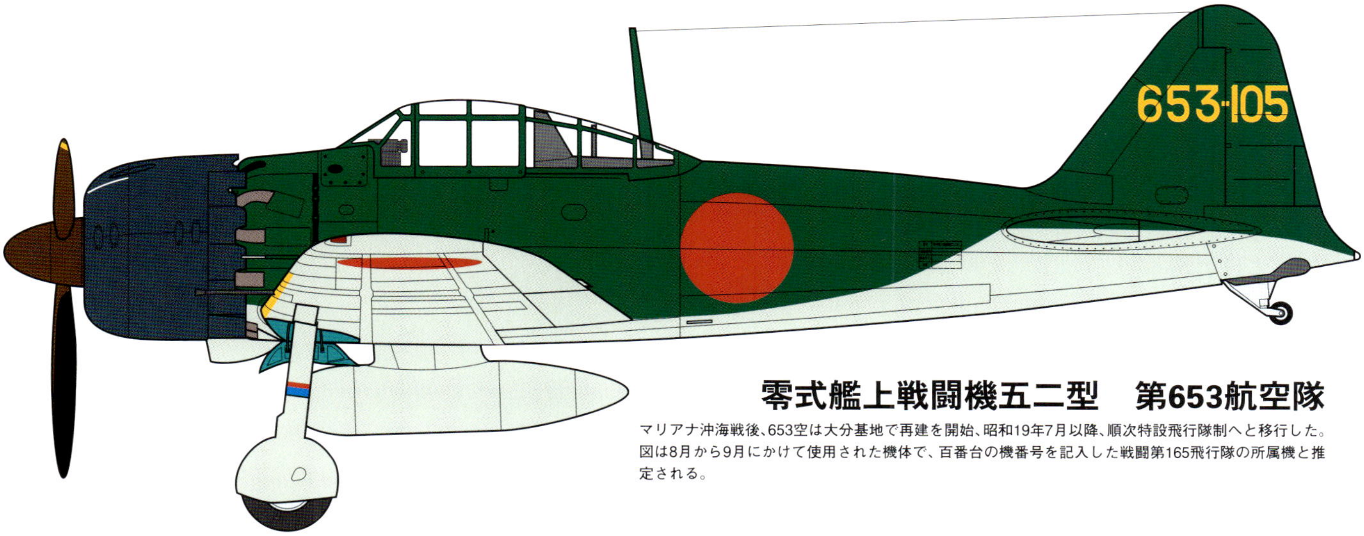

零式艦上戦闘機五二型　第653航空隊

マリアナ沖海戦後、653空は大分基地で再建を開始、昭和19年7月以降、順次特設飛行隊制へと移行した。図は8月から9月にかけて使用された機体で、百番台の機番号を記入した戦闘第165飛行隊の所属機と推定される。

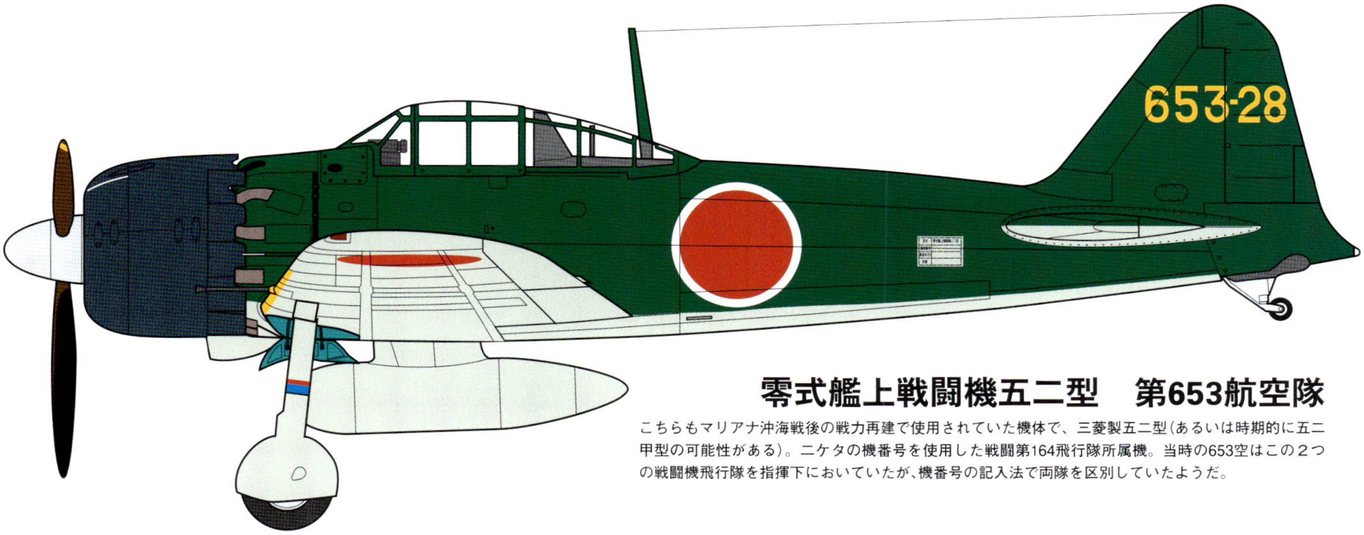

零式艦上戦闘機五二型　第653航空隊

こちらもマリアナ沖海戦後の戦力再建で使用されていた機体で、三菱製五二型(あるいは時期的に五二甲型の可能性がある)。二ケタの機番号を使用した戦闘第164飛行隊所属機。当時の653空はこの２つの戦闘機飛行隊を指揮下においていたが、機番号の記入法で両隊を区別していたようだ。

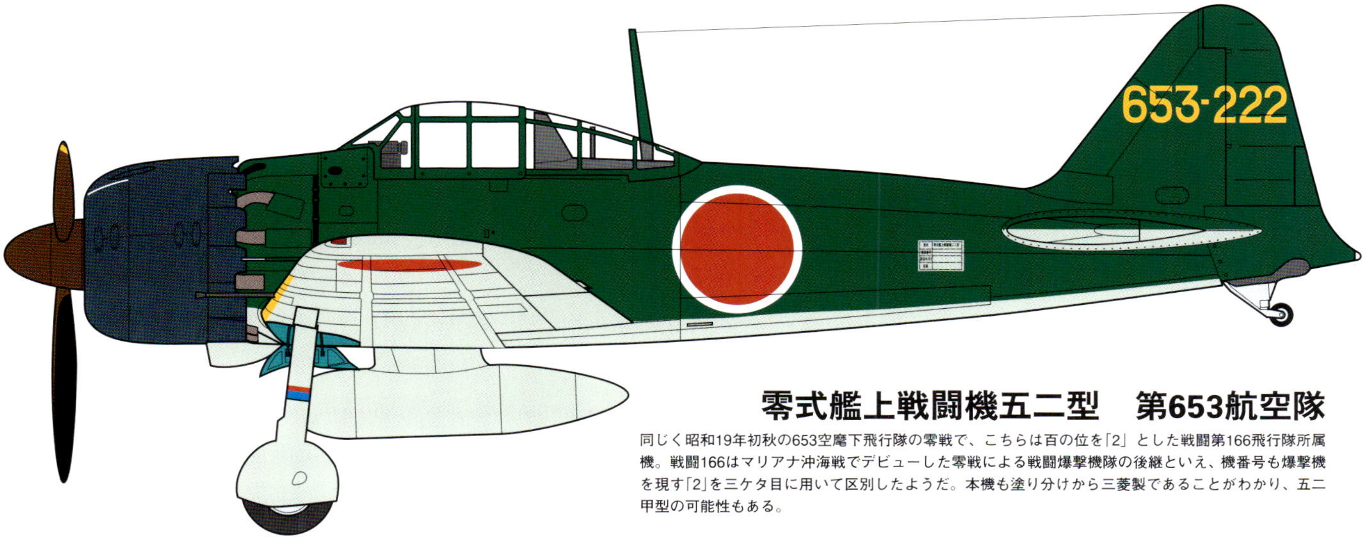

零式艦上戦闘機五二型　第653航空隊

同じく昭和19年初秋の653空麾下飛行隊の零戦で、こちらは百の位を「2」とした戦闘第166飛行隊所属機。戦闘166はマリアナ沖海戦でデビューした零戦による戦闘爆撃機隊の後継といえ、機番号も爆撃機を現す「2」を三ケタ目に用いて区別したようだ。本機も塗り分けから三菱製であることがわかり、五二甲型の可能性もある。

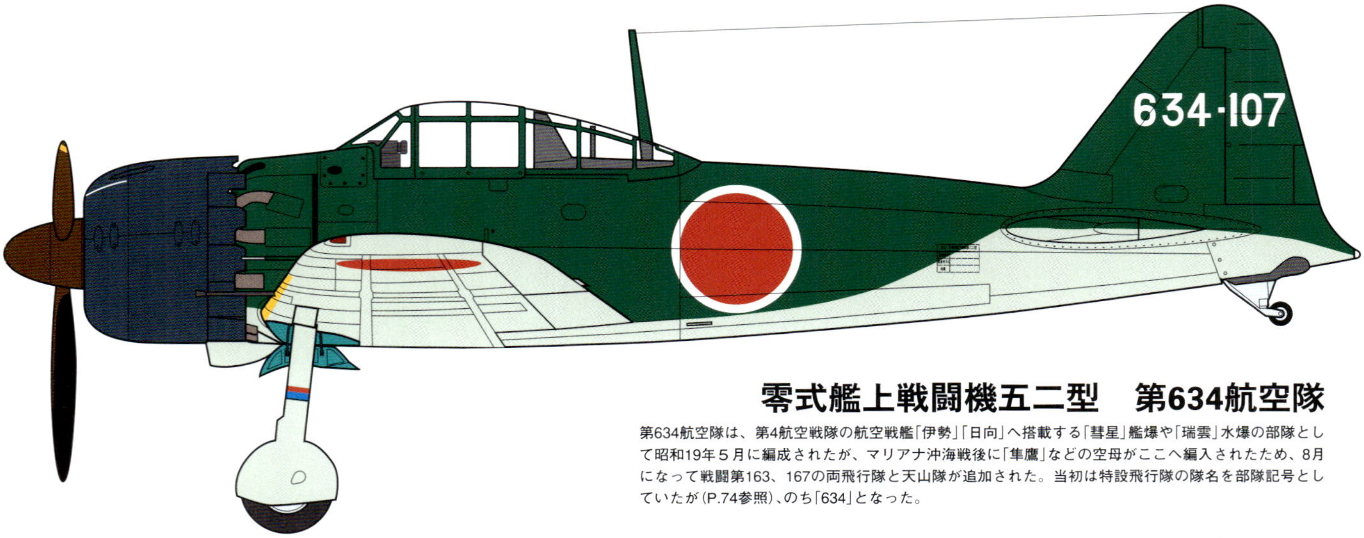

零式艦上戦闘機五二型　第634航空隊

第634航空隊は、第4航空戦隊の航空戦艦「伊勢」「日向」へ搭載する「彗星」艦爆や「瑞雲」水爆の部隊として昭和19年５月に編成されたが、マリアナ沖海戦後に「隼鷹」などの空母がここへ編入されたため、8月になって戦闘第163、167の両飛行隊と天山隊が追加された。当初は特設飛行隊の隊名を部隊記号としていたが(P.74参照)、のち「634」となった。

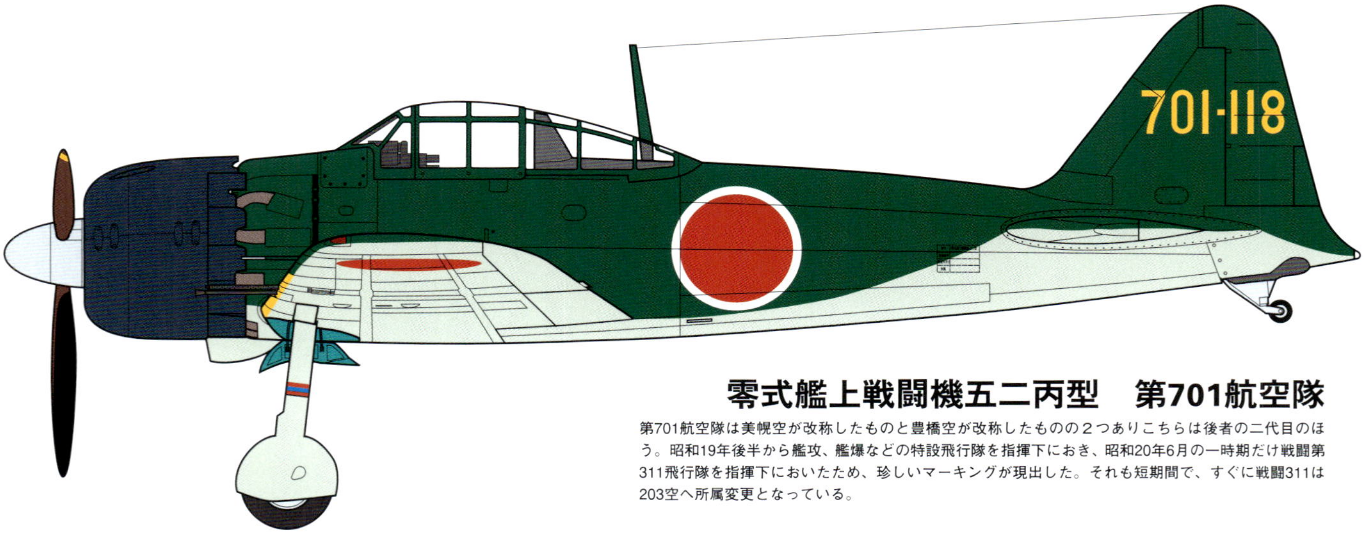

零式艦上戦闘機五二丙型　第701航空隊

第701航空隊は美幌空が改称したものと豊橋空が改称したものの２つありこちらは後者の二代目のほう。昭和19年後半から艦攻、艦爆などの特設飛行隊を指揮下におき、昭和20年6月の一時期だけ戦闘第311飛行隊を指揮下においたため、珍しいマーキングが現出した。それも短期間で、すぐに戦闘311は203空へ所属変更となっている。

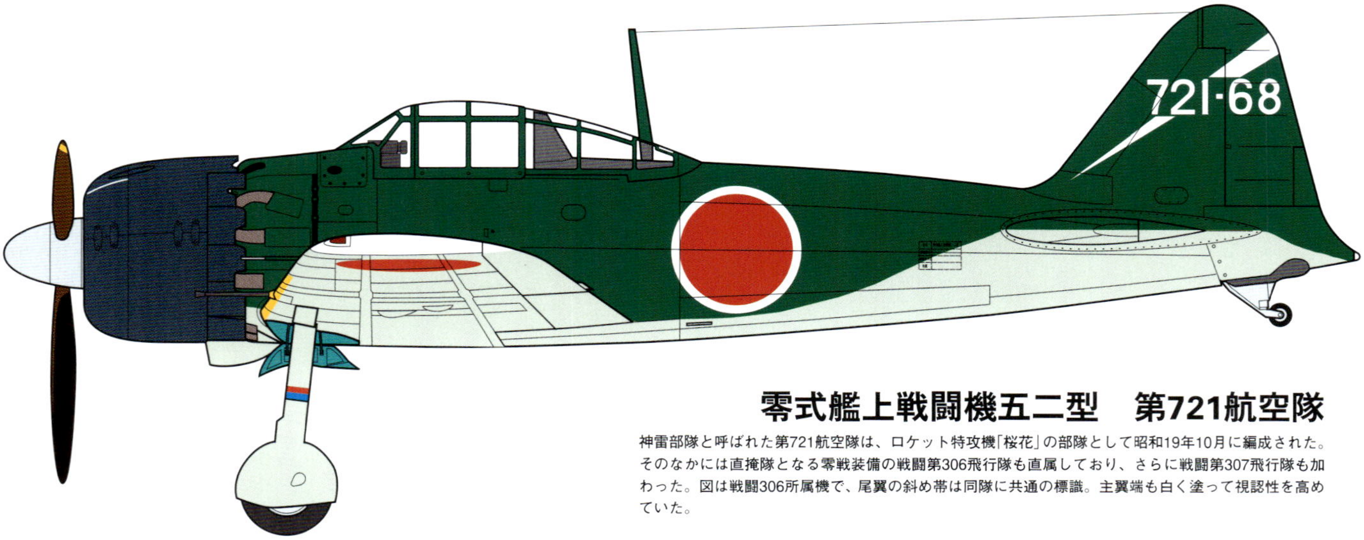

零式艦上戦闘機五二型　第721航空隊

神雷部隊と呼ばれた第721航空隊は、ロケット特攻機「桜花」の部隊として昭和19年10月に編成された。そのなかには直掩隊となる零戦装備の戦闘第306飛行隊も直属しており、さらに戦闘第307飛行隊も加わった。図は戦闘306所属機で、尾翼の斜め帯は同隊に共通の標識。主翼端も白く塗って視認性を高めていた。

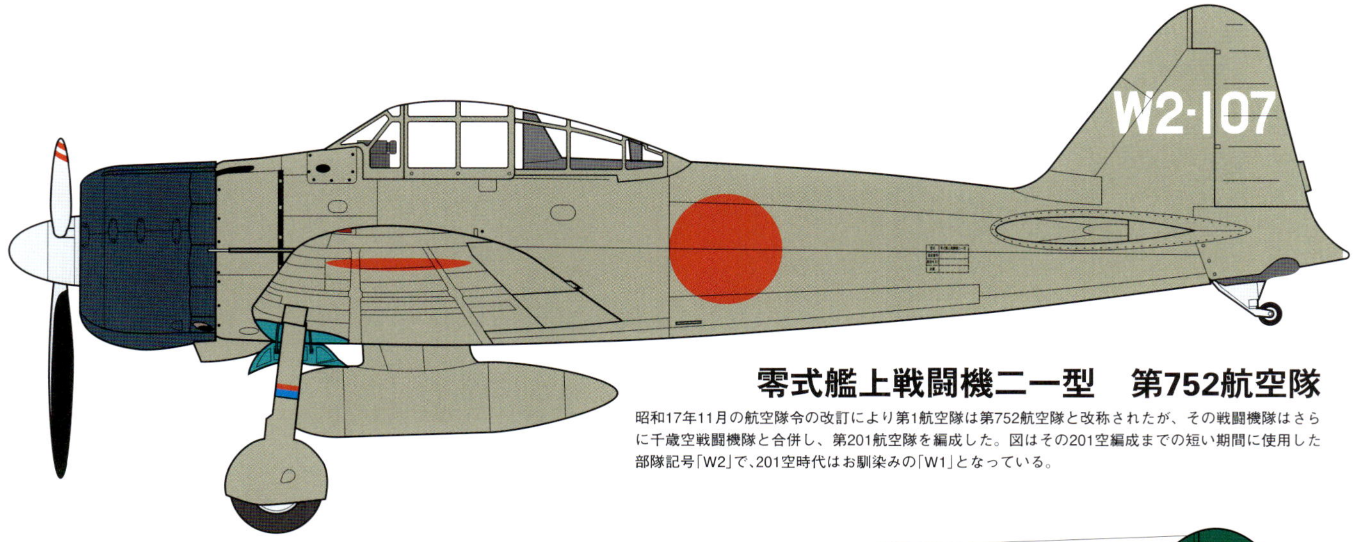

零式艦上戦闘機二一型　第752航空隊

昭和17年11月の航空隊令の改訂により第1航空隊は第752航空隊と改称されたが、その戦闘機隊はさらに千歳空戦闘機隊と合併し、第201航空隊を編成した。図はその201空編成までの短い期間に使用した部隊記号「W2」で、201空時代はお馴染みの「W1」となっている。

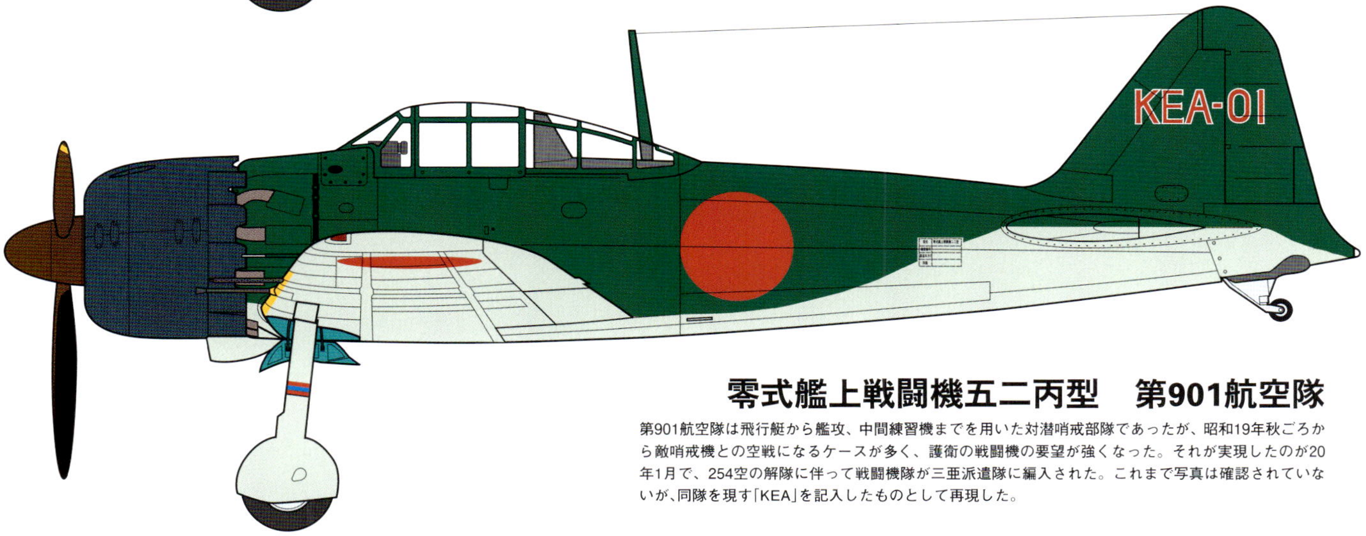

零式艦上戦闘機五二丙型　第901航空隊

第901航空隊は飛行艇から艦攻、中間練習機までを用いた対潜哨戒部隊であったが、昭和19年秋ごろから敵哨戒機との空戦になるケースが多く、護衛の戦闘機の要望が強くなった。それが実現したのが20年1月で、254空の解隊に伴って戦闘機隊が三亜派遣隊に編入された。これまで写真は確認されていないが、同隊を現す「KEA」を記入したものとして再現した。

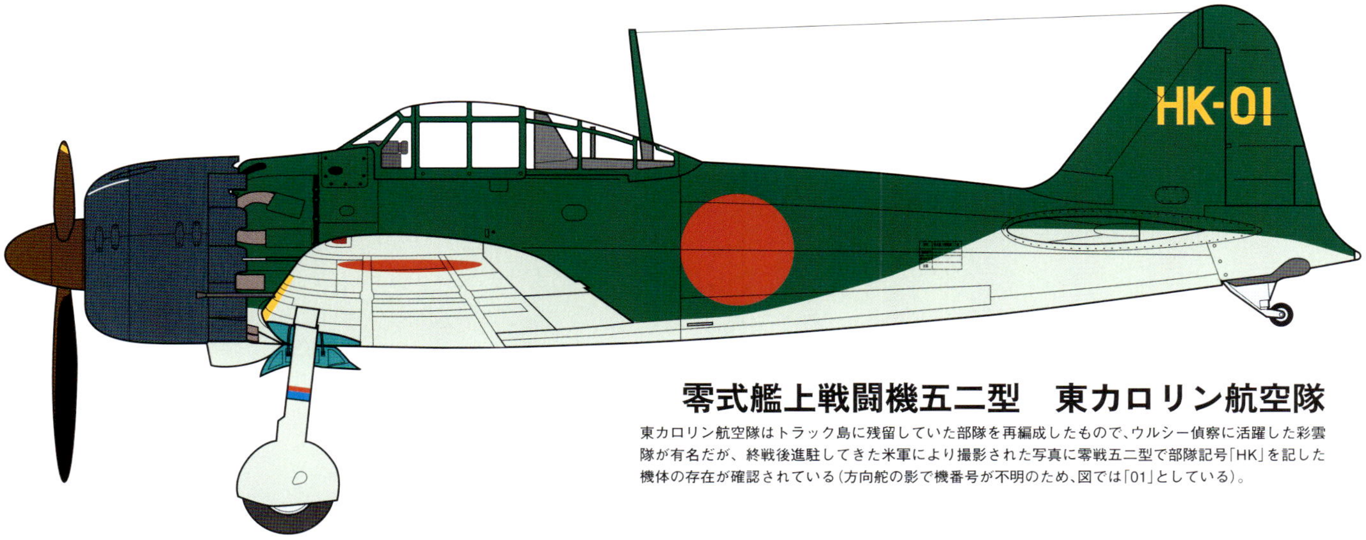

零式艦上戦闘機五二型　東カロリン航空隊

東カロリン航空隊はトラック島に残留していた部隊を再編成したもので、ウルシー偵察に活躍した彩雲隊が有名だが、終戦後進駐してきた米軍により撮影された写真に零戦五二型で部隊記号「HK」を記した機体の存在が確認されている（方向舵の影で機番号が不明のため、図では「01」としている）。

5.特設飛行隊の零戦

昭和19(1944) 年より敷かれた特設飛行隊編成によって誕生した新たな部隊運用のかたち。それに伴って零戦の塗装にも諸々の変化が現れた。本項では、時局を反映して新しく誕生した部隊によって運用された機体を取り上げる。大戦後半の敗色が濃くなる中、奮闘し続けた機体たちの姿をご覧いただきたい

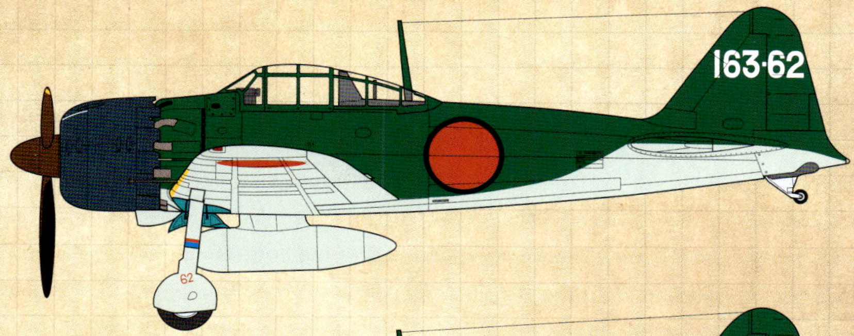
163-62
62

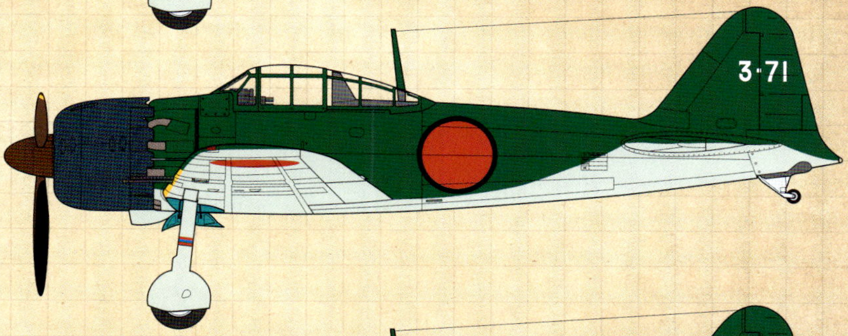
3-71

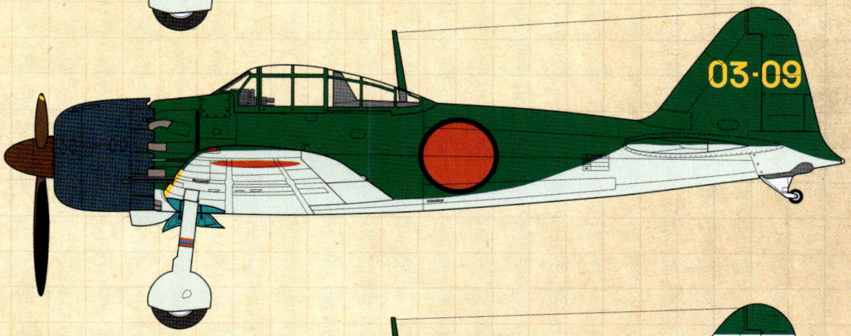
03-09

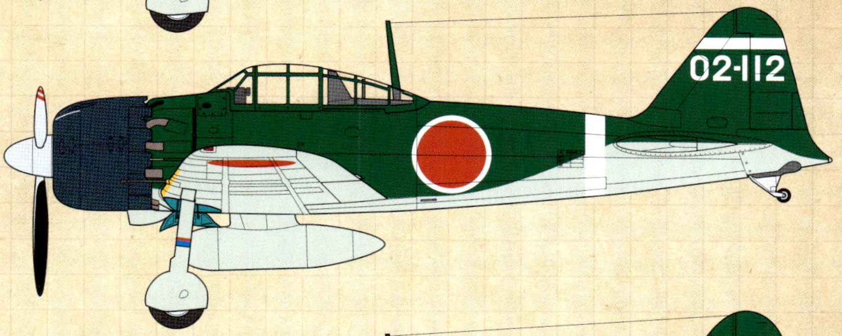
02-112

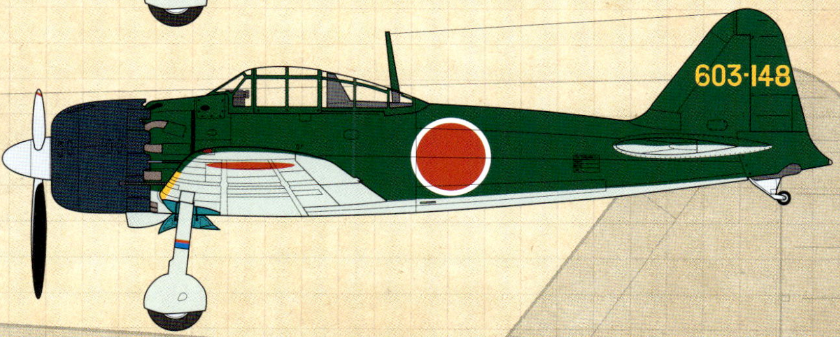
603-148

特設飛行隊の零戦とは

日本海軍では昭和19年春頃から航空隊と飛行機隊を分離して管理するようになった。これを特設飛行隊制と呼ぶ。昭和17年11月の航空隊令の改訂により、基地管理のわずらわしさから開放された海軍航空隊であったが、今度は作戦行動による著しい戦力の消耗に悩まされるようになった。航空隊の戦力再建は搭乗員や整備員、その機材からなる飛行機隊だけでなく多くの地上員と什器が移動する大規模なものとなり、その段取りを組むだけでも大きな障害となる。そこで、飛行機隊が消耗した際にはこの部分だけを後退させて戦力の回復にあたらせ、そっくりすげ替える形で新たな飛行機隊を補充しようとする考えである。

特設飛行隊制に移行した航空隊は2個以上の飛行隊を指揮下におくのが定番で、場合によっては3個、4個の同一機種の飛行隊を要することもあった。そこで、所属の飛行隊を一目で分かるようにアルファベットや機番号の振り方などで工夫するようになる。これらの例については番号冠称航空隊の項で触れたが、ここでは特設飛行隊としての隊名を部隊記号として使用した例などを紹介する。

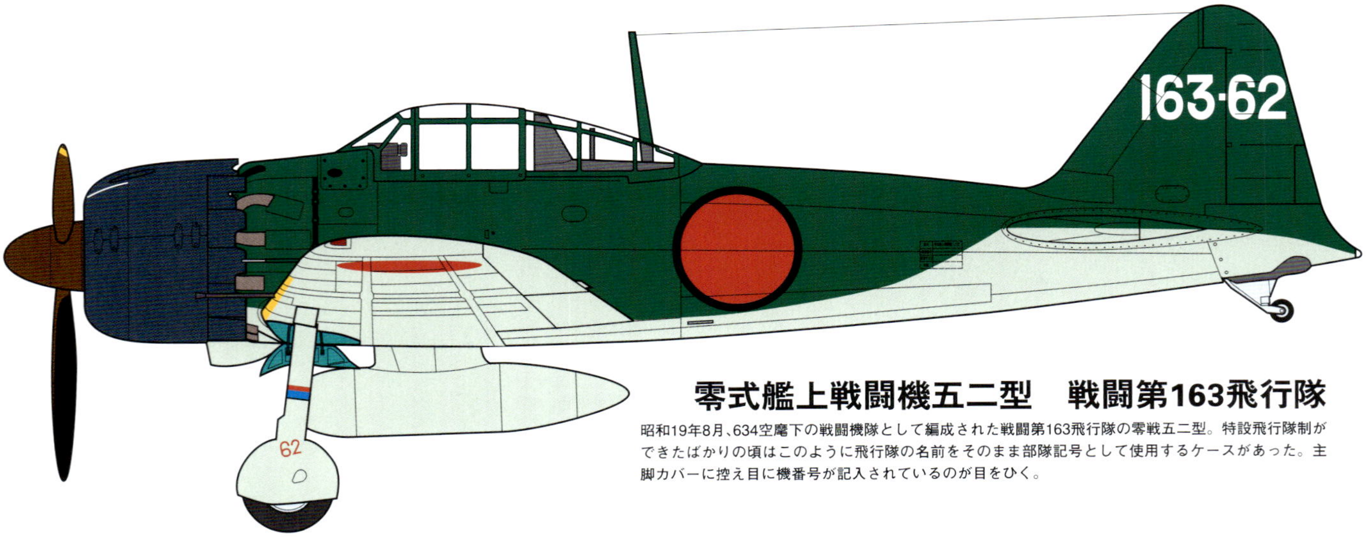

零式艦上戦闘機五二型　戦闘第163飛行隊

昭和19年8月、634空麾下の戦闘機隊として編成された戦闘第163飛行隊の零戦五二型。特設飛行隊制ができたばかりの頃はこのように飛行隊の名前をそのまま部隊記号として使用するケースがあった。主脚カバーに控え目に機番号が記入されているのが目をひく。

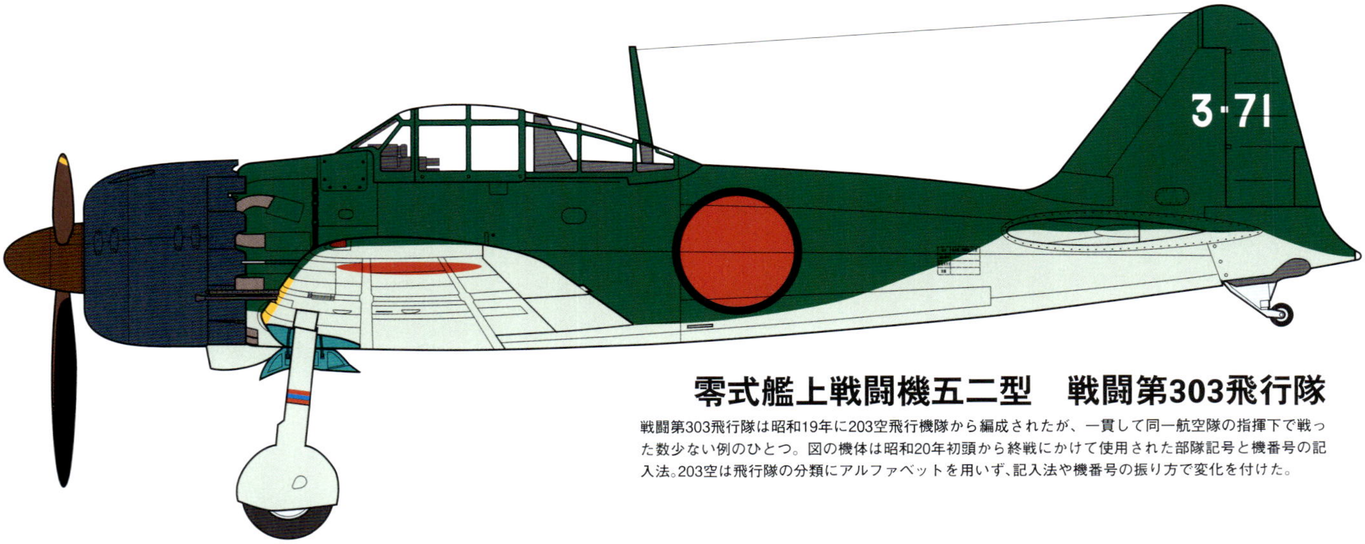

零式艦上戦闘機五二型　戦闘第303飛行隊

戦闘第303飛行隊は昭和19年に203空飛行機隊から編成されたが、一貫して同一航空隊の指揮下で戦った数少ない例のひとつ。図の機体は昭和20年初頭から終戦にかけて使用された部隊記号と機番号の記入法。203空は飛行隊の分類にアルファベットを用いず、記入法や機番号の振り方で変化を付けた。

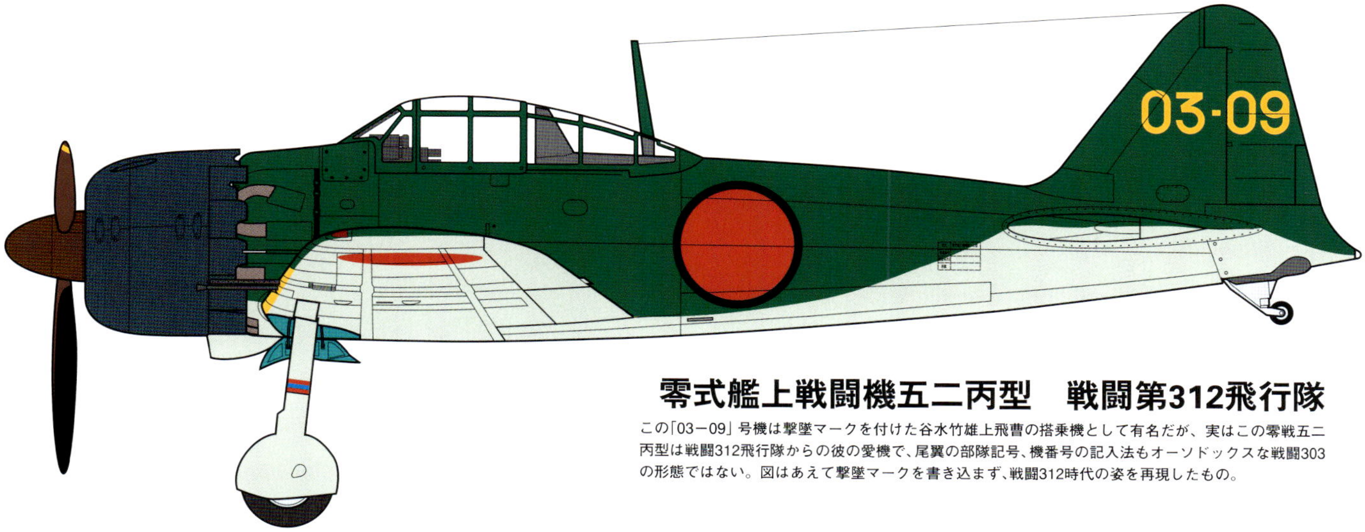

零式艦上戦闘機五二丙型　戦闘第312飛行隊

この「03ー09」号機は撃墜マークを付けた谷水竹雄上飛曹の搭乗機として有名だが、実はこの零戦五二丙型は戦闘312飛行隊からの彼の愛機で、尾翼の部隊記号、機番号の記入法もオーソドックスな戦闘303の形態ではない。図はあえて撃墜マークを書き込まず、戦闘312時代の姿を再現したもの。

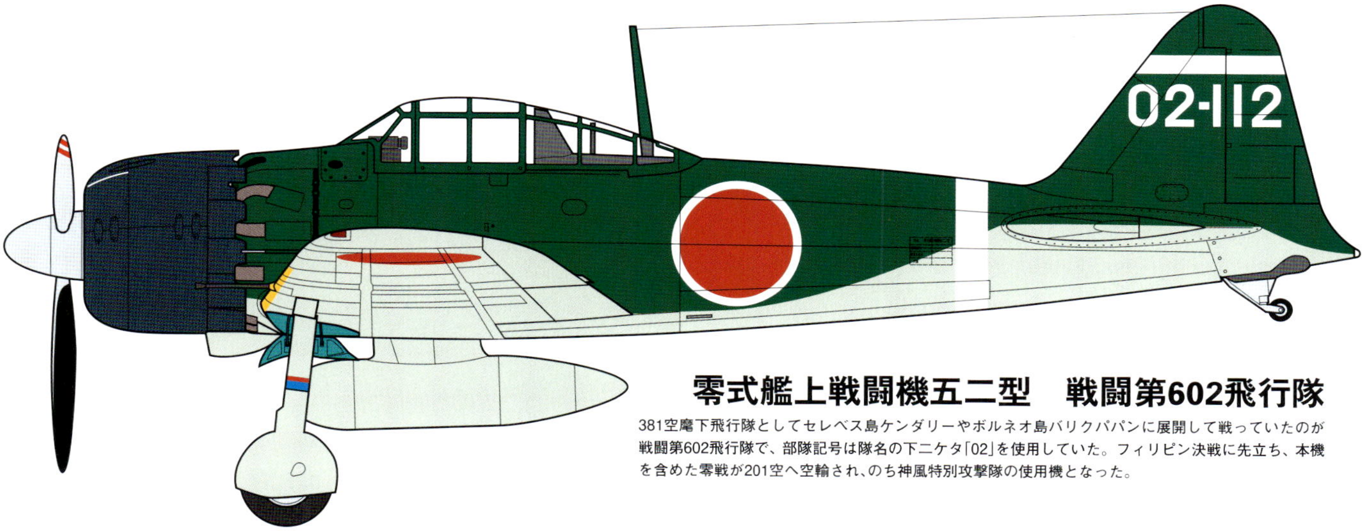

零式艦上戦闘機五二型　戦闘第602飛行隊

381空麾下飛行隊としてセレベス島ケンダリーやボルネオ島バリクパパンに展開して戦っていたのが戦闘第602飛行隊で、部隊記号は隊名の下ニケタ「02」を使用していた。フィリピン決戦に先立ち、本機を含めた零戦が201空へ空輸され、のち神風特別攻撃隊の使用機となった。

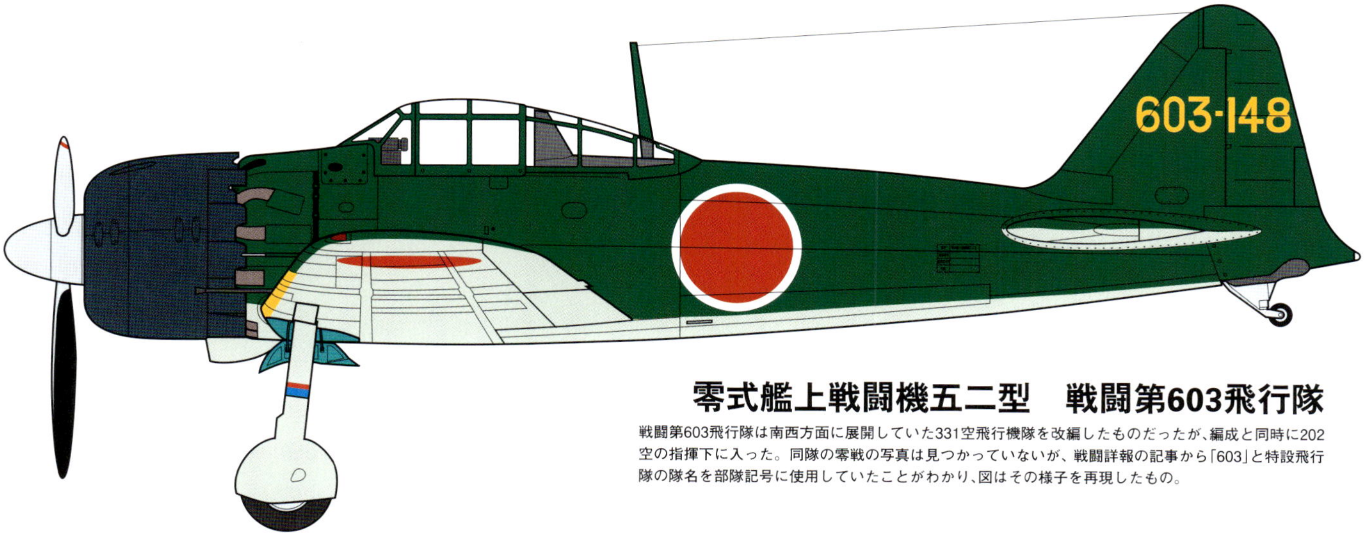

零式艦上戦闘機五二型　戦闘第603飛行隊

戦闘第603飛行隊は南西方面に展開していた331空飛行機隊を改編したものだったが、編成と同時に202空の指揮下に入った。同隊の零戦の写真は見つかっていないが、戦闘詳報の記事から「603」と特設飛行隊の隊名を部隊記号に使用していたことがわかり、図はその様子を再現したもの。

6. 練習航空隊の零戦

海軍航空隊の重要な任務のひとつである航空機搭乗員の育成。本項では、それらの教育任務に供された練習航空隊の零戦をご覧いただく。実戦運用機さながらの塗装に加え、練習機らしく下面がオレンジ色の機体も入り交じる、独特の魅力を湛えた塗装例は非常に興味深いものばかりとなっている

カ-101
カ-104
5
コウ-183
オタ-1185
コウ-106
ケ-120

練習航空隊が装備した零戦

日本海軍の航空隊はその任務によって実戦航空隊と練習航空隊とのふたつに分けることができるが、練習航空隊が装備した零戦はまた、実際に戦闘機乗りとなる人員を訓練するための機体と、教官教員の技倆保持や基地防空を行なうためのものに分類することができる。
日本海軍の搭乗員養成は練習機教程と実用機教程(延長教育とも言った)のふたつの段階になっており(その前に予科練教程などの地上教育もあるが)、例えば戦闘機専修者の場合は練習機教程で初等練習機や中間練習機(赤とんぼ)の操縦をマスターしてから実用機教程へ進み、戦闘機の操縦桿を握ることとなる。これが大村航空隊や大分航空隊、筑波航空隊、谷田部航空隊などの戦闘機教育の練習航空隊だ。こうした部隊は当初は九六艦戦などを訓練機材として使用していたが、大戦中に航空作戦が激しくなると、卒業直後、実戦部隊に配属されてきた搭乗員が「零戦には乗ったことがありません」と即戦力にならない事態が深刻化(従来は、配属された部隊で訓練を実施していたがその余裕もなくなった)、昭和18年を過ぎたあたりから急速にこうした練習航空隊にも零戦が供給されていった。
こうした零戦に対し、偵察員(複座機以上に搭乗して航法を担当する搭乗員) を養成する練習航空隊に配備された零戦があった。これが大井航空隊や鈴鹿航空隊にあった機体で操縦教員として機上練習機を操縦する教官、教員が実用機の感覚を失わないようにするためや、局地的な基地防空に使うことを考えられていたという。
このほかに特殊な例としては実戦部隊と練習航空隊の中間に位置する錬成航空隊の存在があった。これは前記したような戦闘機操縦教育の練習航空隊を卒業した者をすぐに実戦部隊に配属せず、もう一度実用機による訓練を延長して施すことでより技倆の高い搭乗員を養成してから補充しようという考えから創設された組織で、空母戦闘機隊員用の築城航空隊や基地戦闘機隊員用の厚木航空隊があったが、戦局の悪化によりこうした余裕もなくなり、順次実戦部隊へ改編されて消えていった。

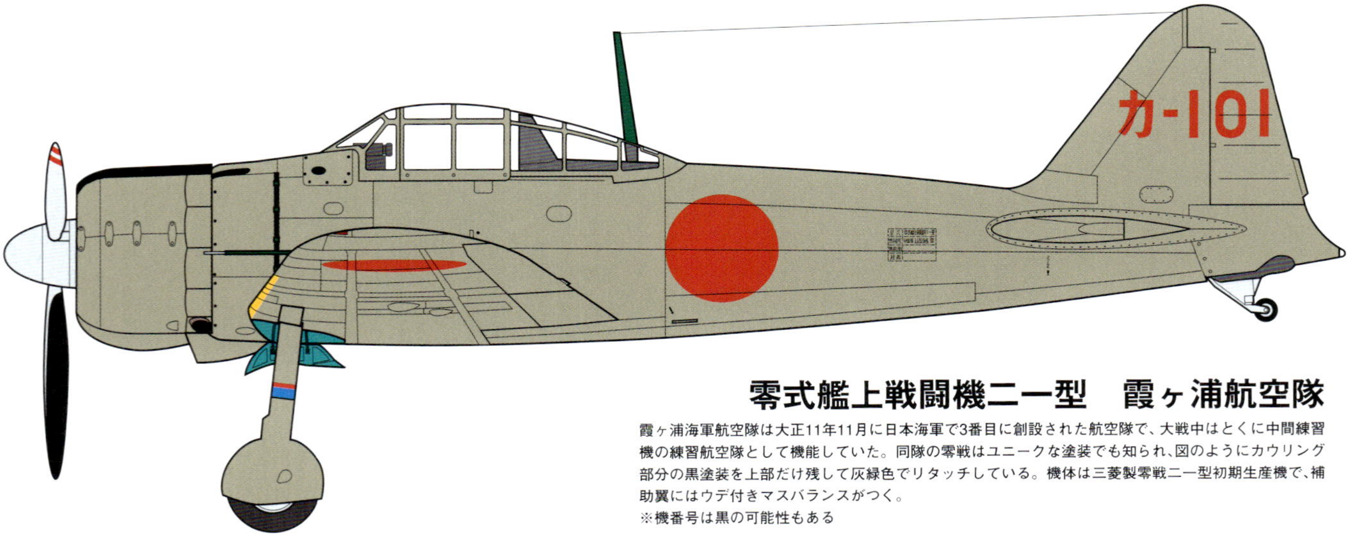

零式艦上戦闘機二一型　霞ヶ浦航空隊

霞ヶ浦海軍航空隊は大正11年11月に日本海軍で3番目に創設された航空隊で、大戦中はとくに中間練習機の練習航空隊として機能していた。同隊の零戦はユニークな塗装でも知られ、図のようにカウリング部分の黒塗装を上部だけ残して灰緑色でリタッチしている。機体は三菱製零戦二一型初期生産機で、補助翼にはウデ付きマスバランスがつく。
※機番号は黒の可能性もある

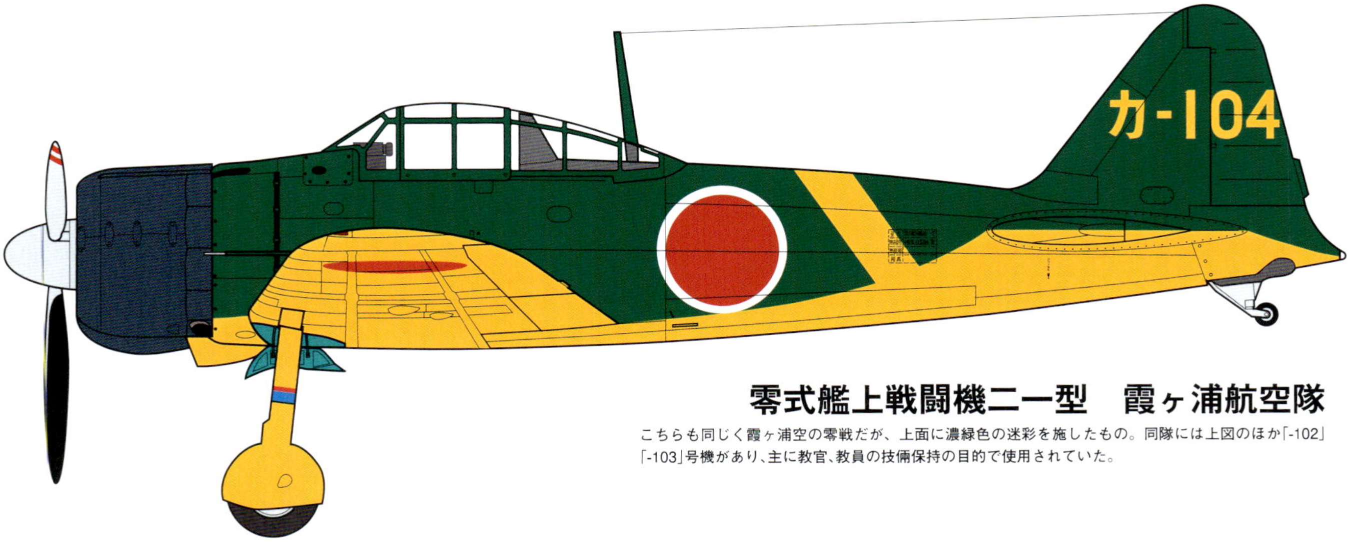

零式艦上戦闘機二一型　霞ヶ浦航空隊

こちらも同じく霞ヶ浦空の零戦だが、上面に濃緑色の迷彩を施したもの。同隊には上図のほか「-102」「-103」号機があり、主に教官、教員の技倆保持の目的で使用されていた。

写真は霞ヶ浦航空隊が装備した零戦二一型のひとつで「カ-103」号機。カウリングの黒塗装の上から灰緑色でリタッチするという、ほかでは見られない特異な例。主翼前縁に記入された敵味方識別帯はかなり暗色に写りこんでいる。かなりわかりづらいが、右に立つ整備員の後頭部にウデ付きマスバランスの先端が写っているのに注意。

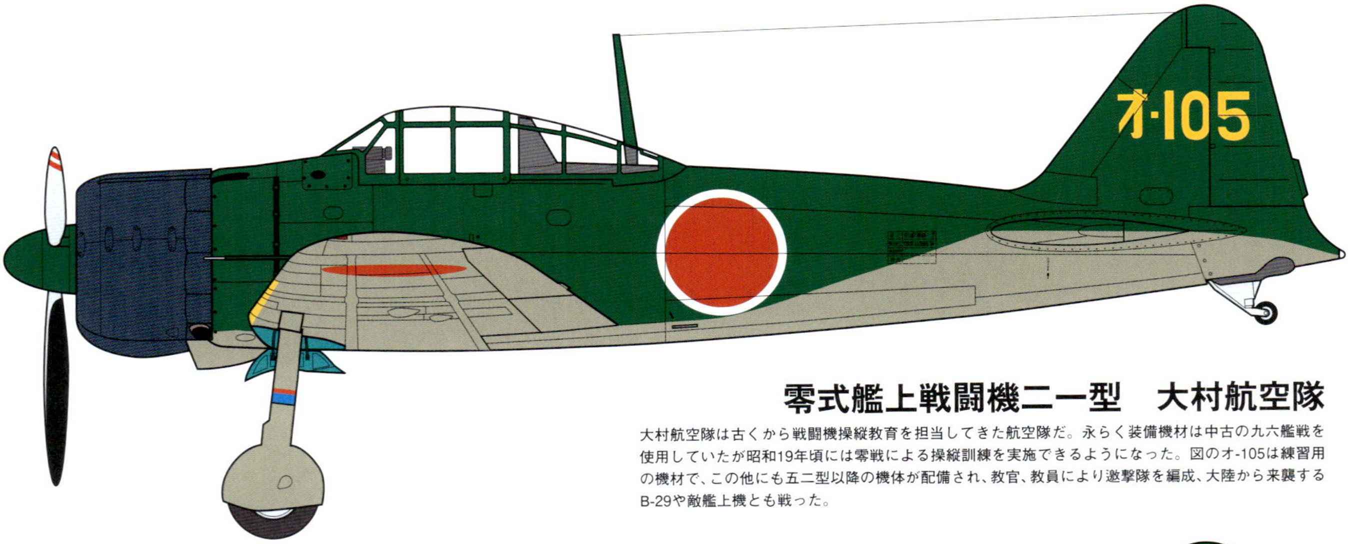

零式艦上戦闘機二一型　大村航空隊

大村航空隊は古くから戦闘機操縦教育を担当してきた航空隊だ。永らく装備機材は中古の九六艦戦を使用していたが昭和19年頃には零戦による操縦訓練を実施できるようになった。図のオ-105は練習用の機材で、この他にも五二型以降の機体が配備され、教官、教員により邀撃隊を編成、大陸から来襲するB-29や敵艦上機とも戦った。

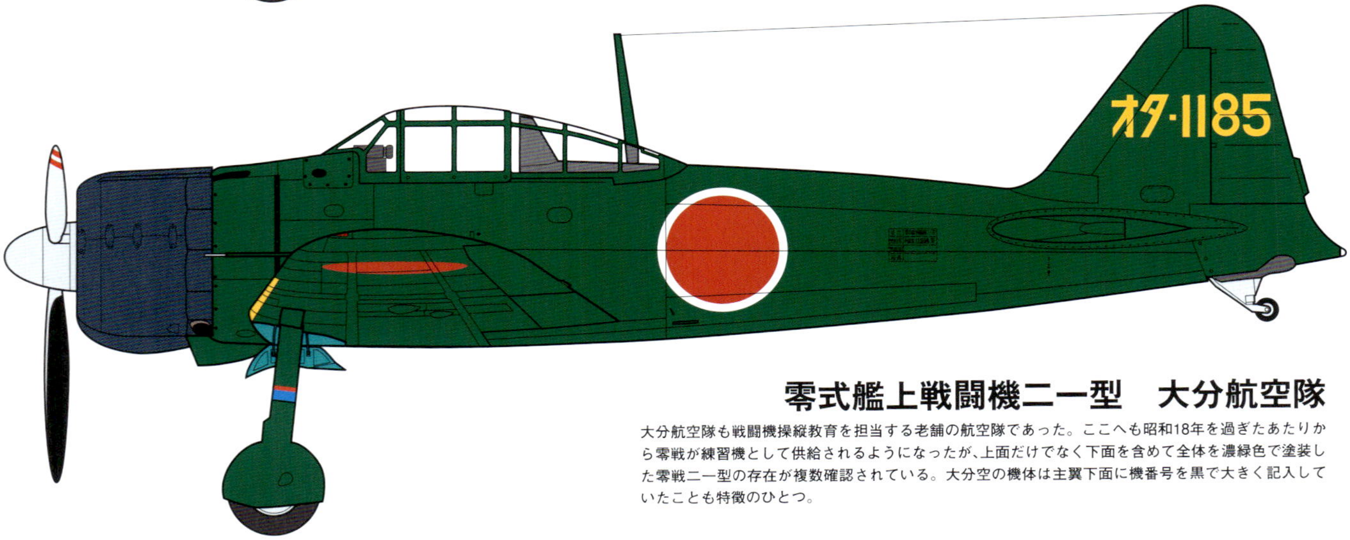

零式艦上戦闘機二一型　大分航空隊

大分航空隊も戦闘機操縦教育を担当する老舗の航空隊であった。ここへも昭和18年を過ぎたあたりから零戦が練習機として供給されるようになったが、上面だけでなく下面を含めて全体を濃緑色で塗装した零戦二一型の存在が複数確認されている。大分空の機体は主翼下面に機番号を黒で大きく記入していたことも特徴のひとつ。

大分空の格納庫で整備を受ける零戦二一型。右手前の「オ-109」号機は別の場所でも撮影された写真が存在し、機体下面も濃緑色で塗装されていることを裏付けている。主翼下面に記入された機体番号「109」は白で、日の丸にも白フチが追加されている。練習航空隊でのこうした機体は空中での視認性を高めるためのものだった。

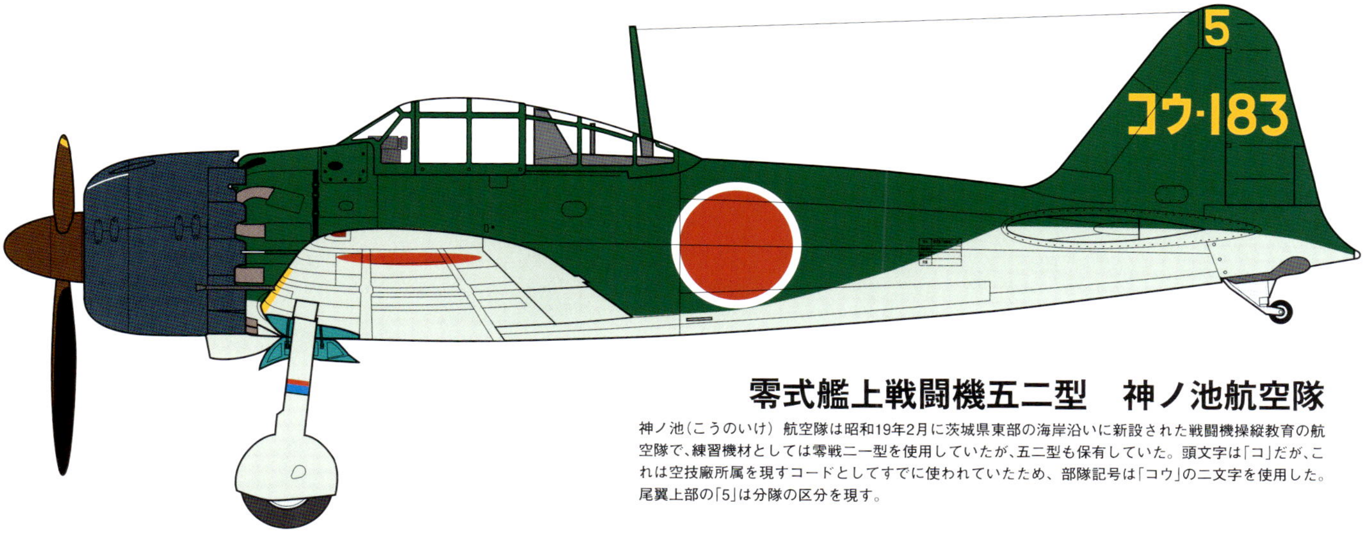

零式艦上戦闘機五二型　神ノ池航空隊

神ノ池（こうのいけ）航空隊は昭和19年2月に茨城県東部の海岸沿いに新設された戦闘機操縦教育の航空隊で、練習機材としては零戦二一型を使用していたが、五二型も保有していた。頭文字は「コ」だが、これは空技廠所属を現すコードとしてすでに使われていたため、部隊記号は「コウ」の二文字を使用した。尾翼上部の「5」は分隊の区分を現す。

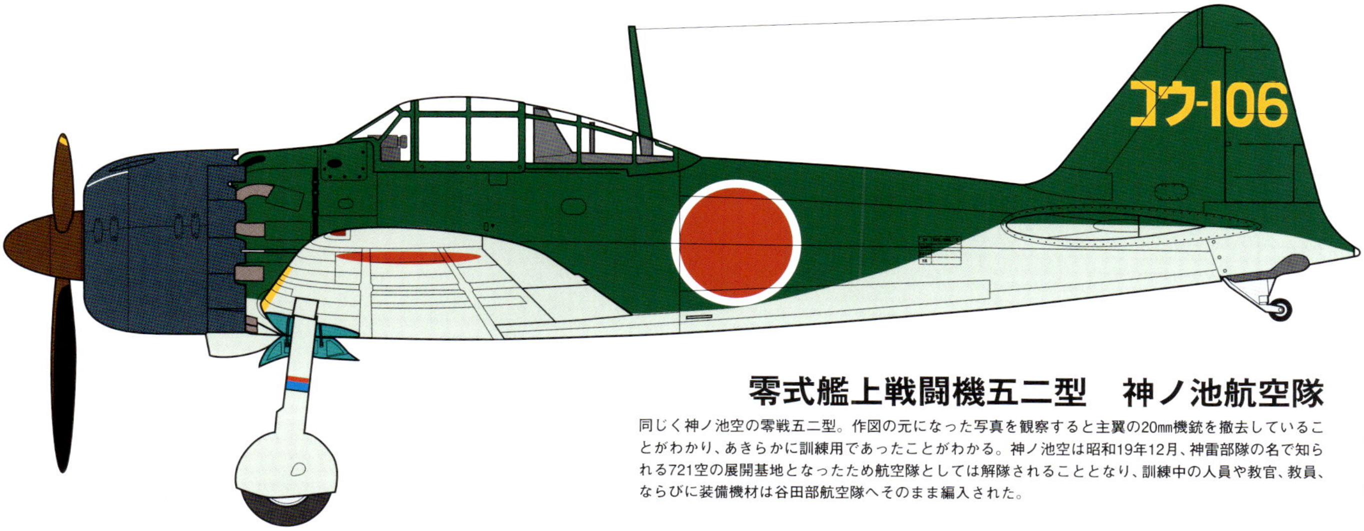

零式艦上戦闘機五二型　神ノ池航空隊

同じく神ノ池空の零戦五二型。作図の元になった写真を観察すると主翼の20㎜機銃を撤去していることがわかり、あきらかに訓練用であったことがわかる。神ノ池空は昭和19年12月、神雷部隊の名で知られる721空の展開基地となったため航空隊としては解隊されることとなり、訓練中の人員や教官、教員、ならびに装備機材は谷田部航空隊へそのまま編入された。

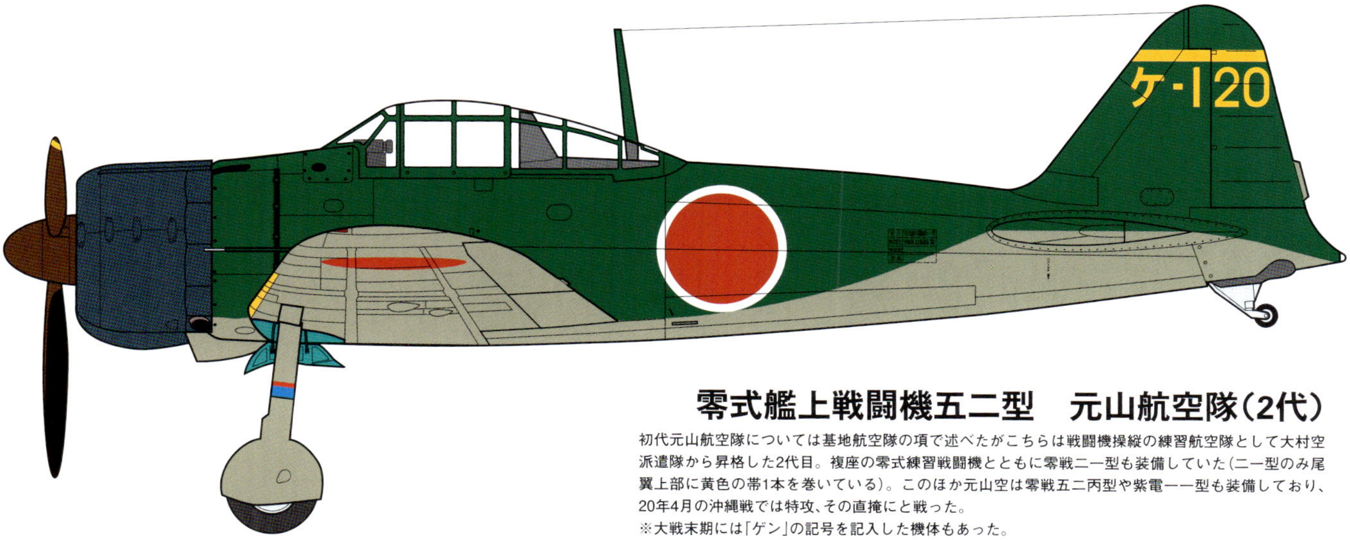

零式艦上戦闘機五二型　元山航空隊（2代）

初代元山航空隊については基地航空隊の項で述べたがこちらは戦闘機操縦の練習航空隊として大村空派遣隊から昇格した2代目。複座の零式練習戦闘機とともに零戦二一型も装備していた（二一型のみ尾翼上部に黄色の帯1本を巻いている）。このほか元山空は零戦五二丙型や紫電一一型も装備しており、20年4月の沖縄戦では特攻、その直掩にと戦った。
※大戦末期には「ゲン」の記号を記入した機体もあった。

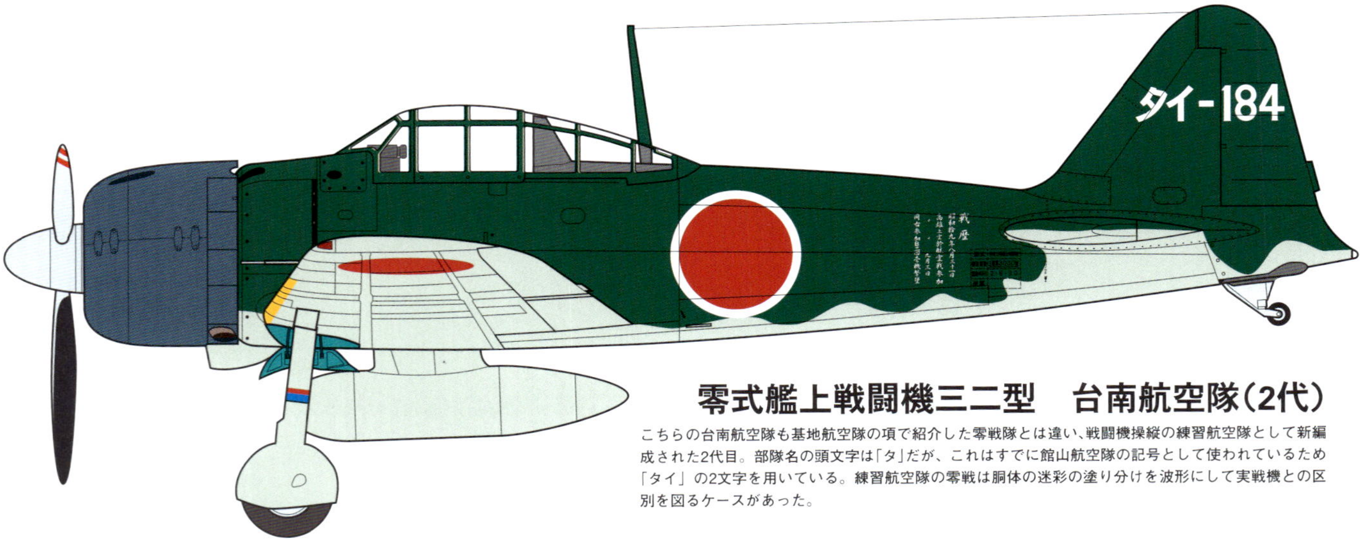

零式艦上戦闘機三二型　台南航空隊(2代)

こちらの台南航空隊も基地航空隊の項で紹介した零戦隊とは違い、戦闘機操縦の練習航空隊として新編成された2代目。部隊名の頭文字は「タ」だが、これはすでに館山航空隊の記号として使われているため「タイ」の2文字を用いている。練習航空隊の零戦は胴体の迷彩の塗り分けを波形にして実戦機との区別を図るケースがあった。

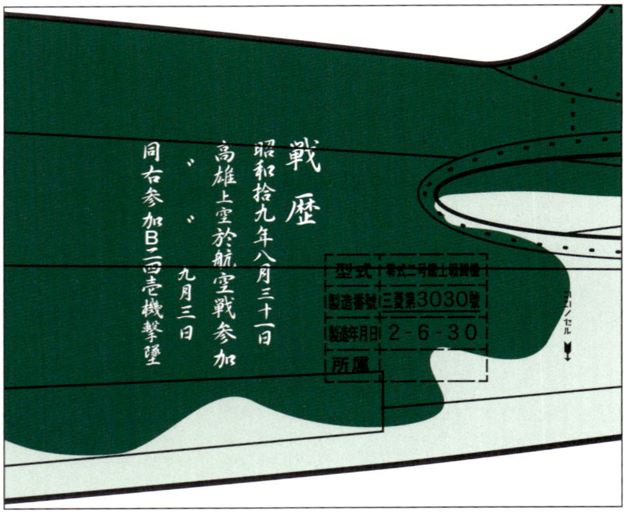

図の零戦三二型「タイ-184」号機はエース谷水竹雄上飛曹が搭乗してB-24を邀撃し、見事に撃墜したことで知られる機体。その胴体後部には「戦歴」と称して図に示すような文言が記入されていた。三二型は実戦機としては二一型の上をいく性能であったが訓練機材としては翼面荷重の関係から訓練を受ける側に敬遠される傾向があったという。

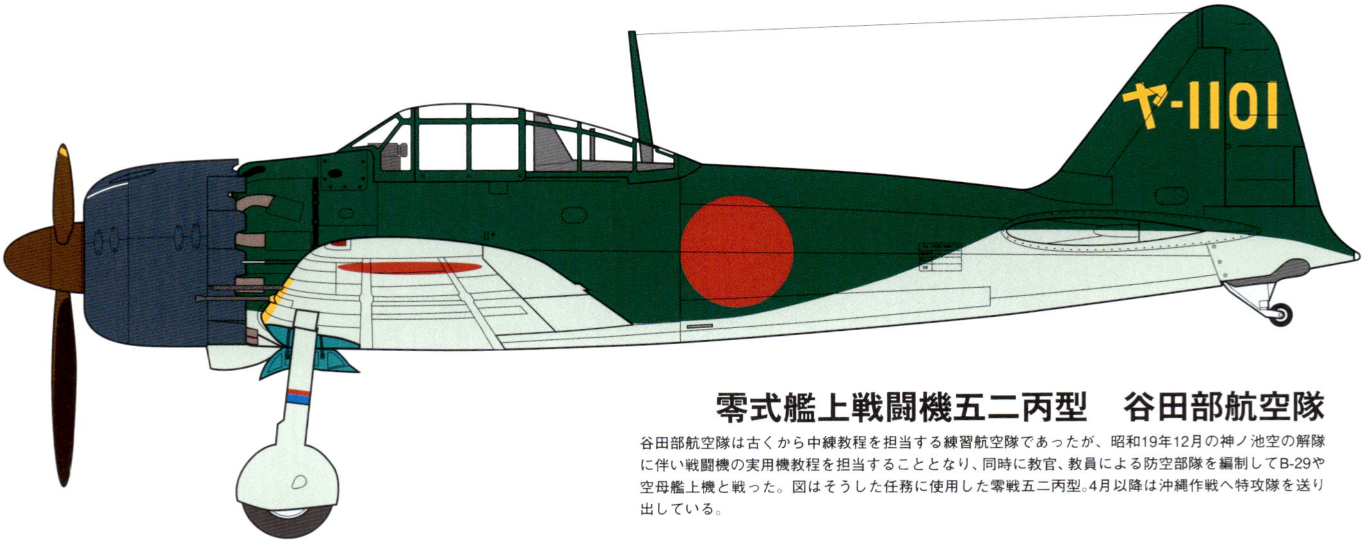

零式艦上戦闘機五二丙型　谷田部航空隊

谷田部航空隊は古くから中練教程を担当する練習航空隊であったが、昭和19年12月の神ノ池空の解隊に伴い戦闘機の実用機教程を担当することとなり、同時に教官、教員による防空部隊を編制してB-29や空母艦上機と戦った。図はそうした任務に使用した零戦五二丙型。4月以降は沖縄作戦へ特攻隊を送り出している。

練習飛行隊の零戦

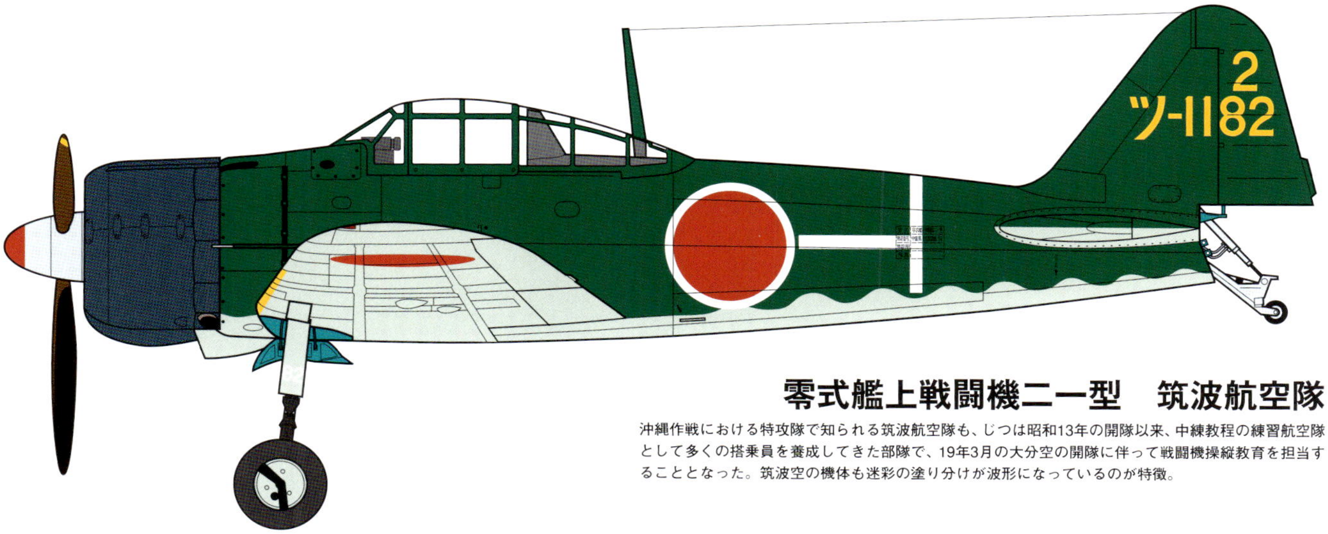

零式艦上戦闘機二一型　筑波航空隊

沖縄作戦における特攻隊で知られる筑波航空隊も、じつは昭和13年の開隊以来、中練教程の練習航空隊として多くの搭乗員を養成してきた部隊で、19年3月の大分空の開隊に伴って戦闘機操縦教育を担当することとなった。筑波空の機体も迷彩の塗り分けが波形になっているのが特徴。

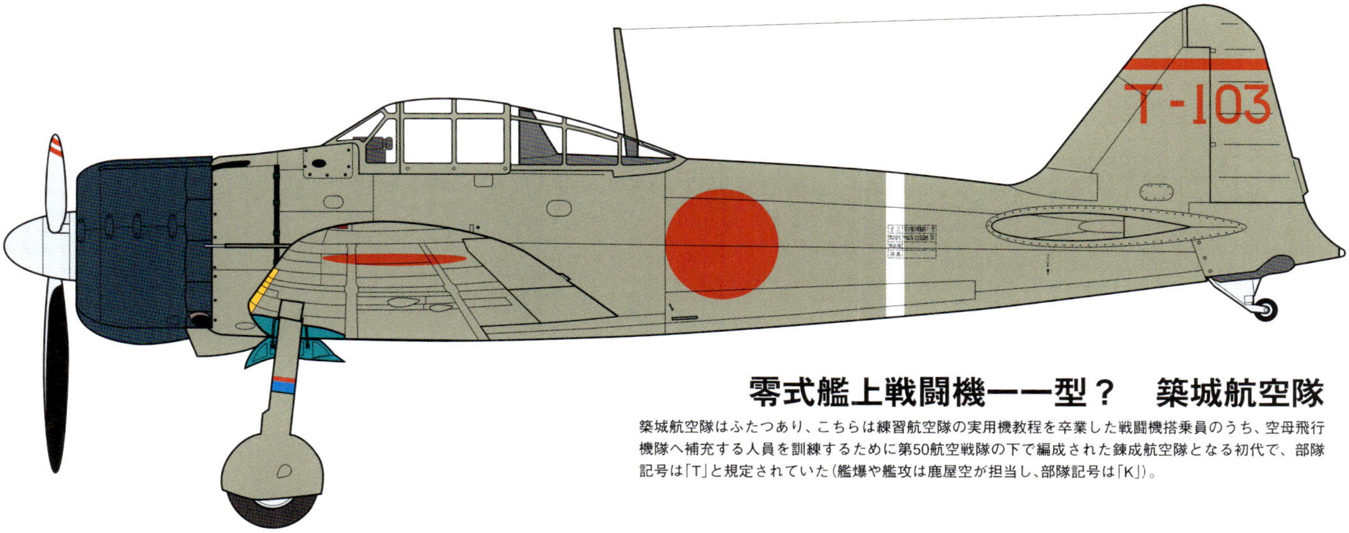

零式艦上戦闘機一一型？　築城航空隊

築城航空隊はふたつあり、こちらは練習航空隊の実用機教程を卒業した戦闘機搭乗員のうち、空母飛行機隊へ補充する人員を訓練するために第50航空戦隊の下で編成された錬成航空隊となる初代で、部隊記号は「T」と規定されていた（艦爆や艦攻は鹿屋空が担当し、部隊記号は「K」）。

飛行場で前のめりになった築城空の零戦。よく観察すると風防後端が一一型極初期生産機までのガラス張りとなったタイプであることがわかる。胴体の白帯1本は空母「翔鶴」飛行機隊の表示に類似するが、画面奥に微かに見える機体にも巻かれており、築城空の標識とみるべきだろう。19年1月に実戦部隊に格上げされ、2月に第553航空隊と改称された。

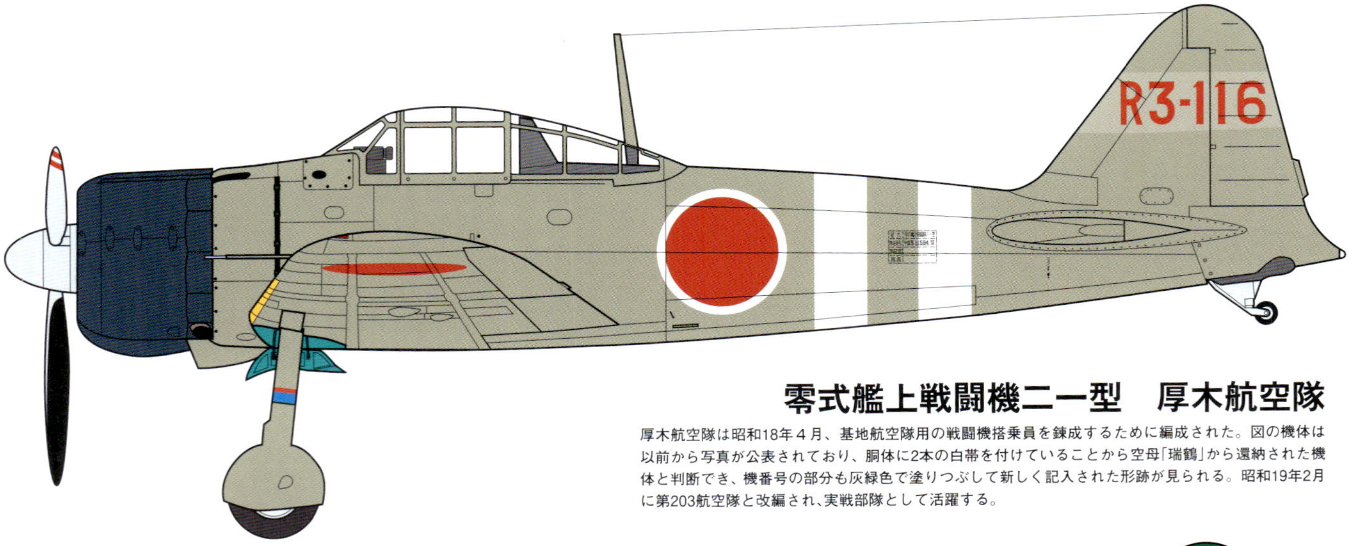

零式艦上戦闘機二一型　厚木航空隊

厚木航空隊は昭和18年４月、基地航空隊用の戦闘機搭乗員を錬成するために編成された。図の機体は以前から写真が公表されており、胴体に2本の白帯を付けていることから空母「瑞鶴」から還納された機体と判断でき、機番号の部分も灰緑色で塗りつぶして新しく記入された形跡が見られる。昭和19年2月に第203航空隊と改編され、実戦部隊として活躍する。

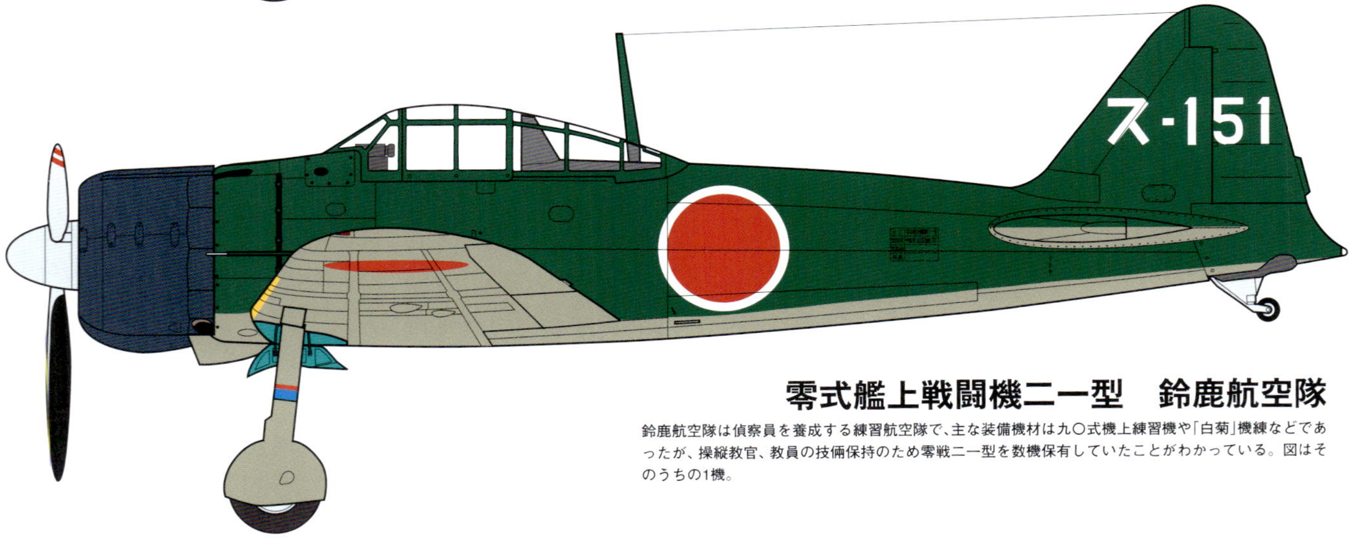

零式艦上戦闘機二一型　鈴鹿航空隊

鈴鹿航空隊は偵察員を養成する練習航空隊で、主な装備機材は九〇式機上練習機や「白菊」機練などであったが、操縦教官、教員の技倆保持のため零戦二一型を数機保有していたことがわかっている。図はそのうちの1機。

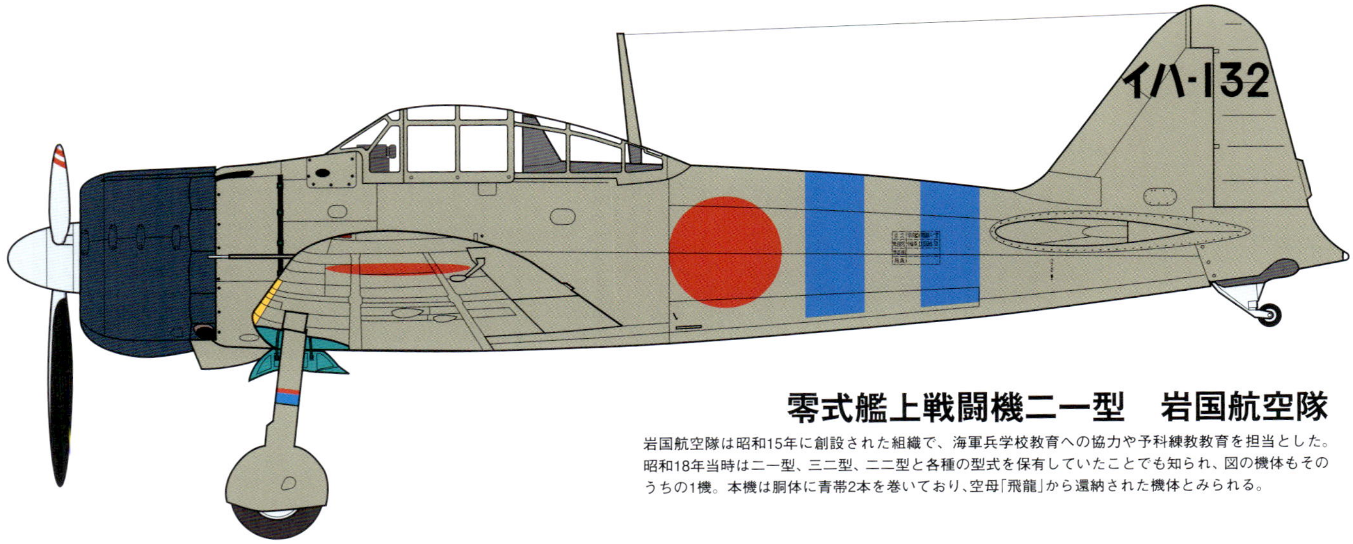

零式艦上戦闘機二一型　岩国航空隊

岩国航空隊は昭和15年に創設された組織で、海軍兵学校教育への協力や予科練教育を担当とした。昭和18年当時は二一型、三二型、二二型と各種の型式を保有していたことでも知られ、図の機体もそのうちの1機。本機は胴体に青帯2本を巻いており、空母「飛龍」から還納された機体とみられる。

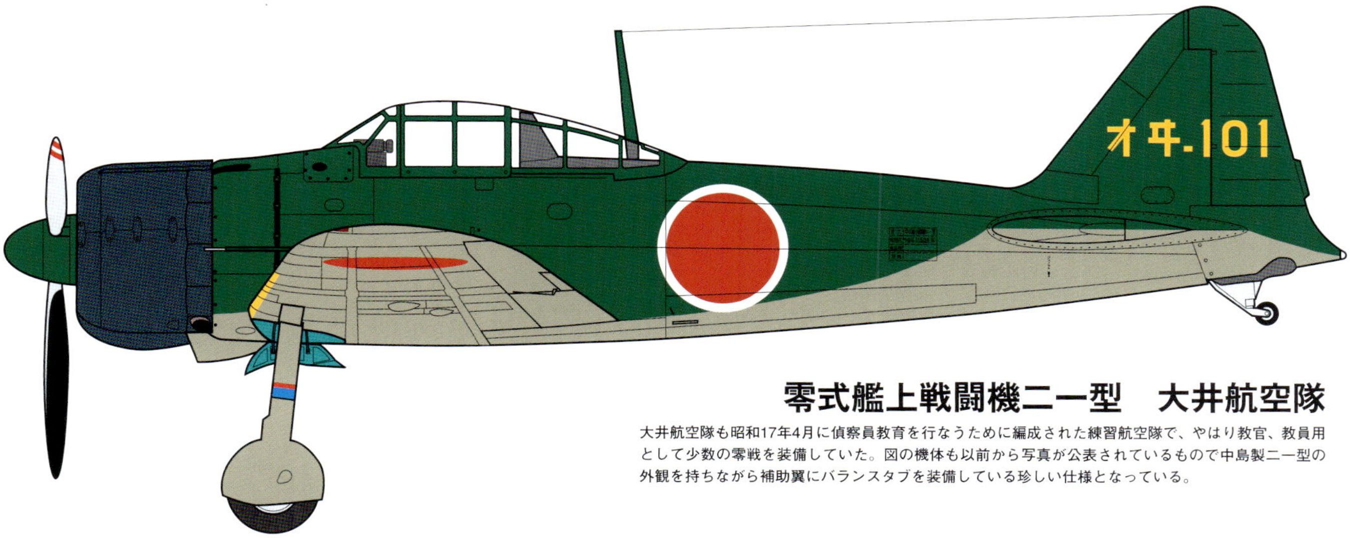

零式艦上戦闘機二一型　大井航空隊

大井航空隊も昭和17年4月に偵察員教育を行なうために編成された練習航空隊で、やはり教官、教員用として少数の零戦を装備していた。図の機体も以前から写真が公表されているもので中島製二一型の外観を持ちながら補助翼にバランスタブを装備している珍しい仕様となっている。

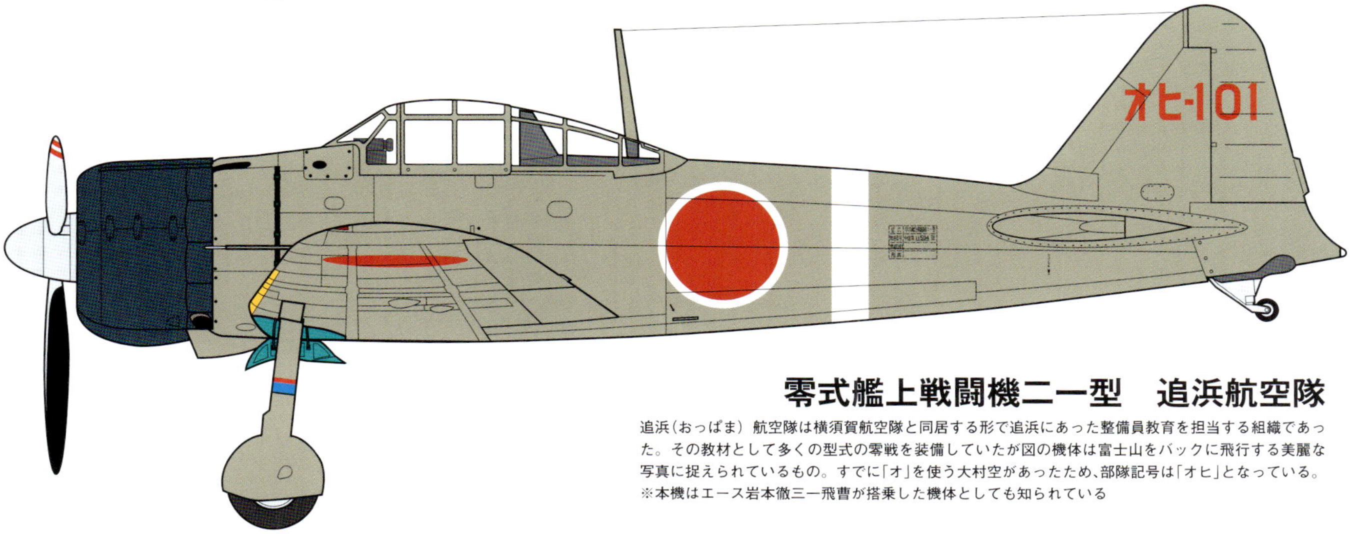

零式艦上戦闘機二一型　追浜航空隊

追浜（おっぱま）航空隊は横須賀航空隊と同居する形で追浜にあった整備員教育を担当する組織であった。その教材として多くの型式の零戦を装備していたが図の機体は富士山をバックに飛行する美麗な写真に捉えられているもの。すでに「オ」を使う大村空があったため、部隊記号は「オヒ」となっている。
※本機はエース岩本徹三一飛曹が搭乗した機体としても知られている

7. 部隊不詳の零戦

数多くの機体が運用された零戦の中には、所属部隊が不詳な機体も存在する。
本項では、このように部隊が不明のものを紹介する。

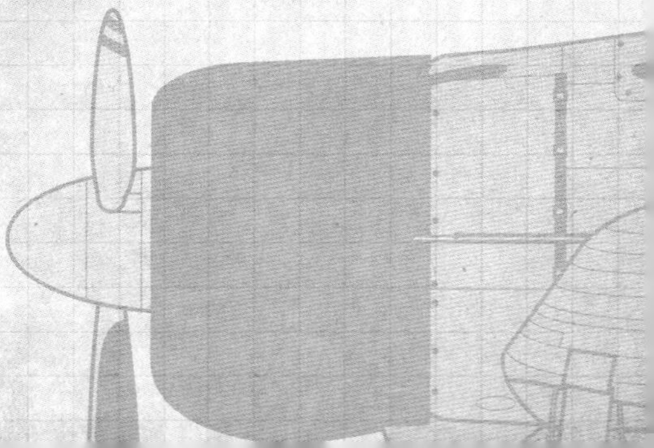

16-162

113

日本海軍機塗装図ハンドブック[零戦篇]
Imperial Japanese Navy aircraft paint scheme Handbook : Zero Fighter

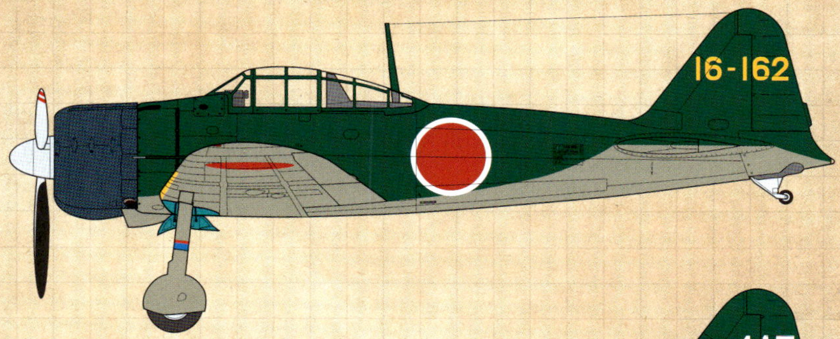

所属部隊がわからない例

太平洋戦争の開戦により航空兵力の拡充が図られ、三菱重工や中島飛行機での生産が軌道に乗り始めた昭和18年以降、零戦を装備する部隊は飛躍的に増加していった。その多くの姿は写真に捉えられ現代に伝えられているが、なかにはその所属部隊がわからないものがある。ここで紹介するのはその1例だが、逆に装備した事実がありながらも写真がなく、その様子がわからない部隊の数は枚挙にいとまがない。

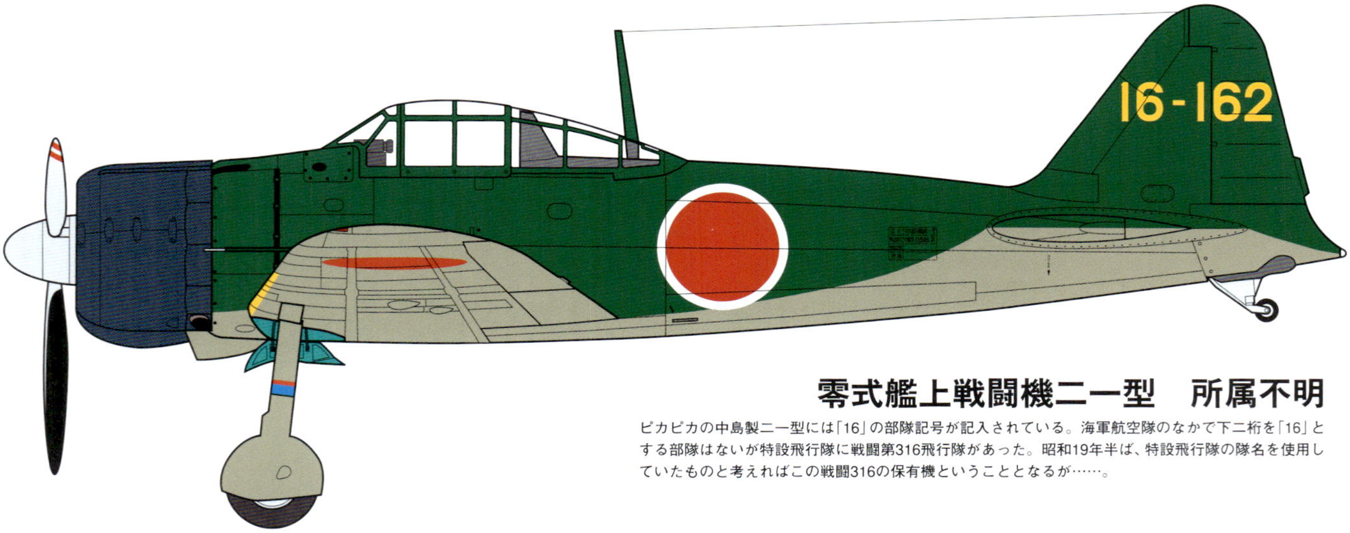

零式艦上戦闘機二一型　所属不明

ピカピカの中島製二一型には「16」の部隊記号が記入されている。海軍航空隊のなかで下二桁を「16」とする部隊はないが特設飛行隊に戦闘第316飛行隊があった。昭和19年半ば、特設飛行隊の隊名を使用していたものと考えればこの戦闘316の保有機ということとなるが……。

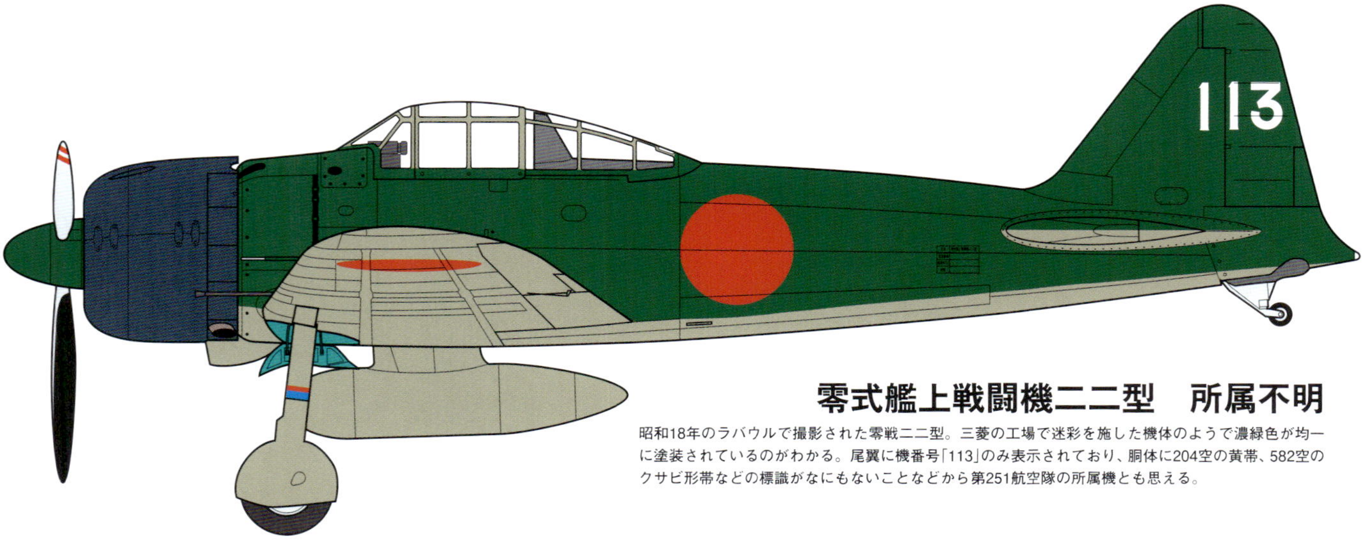

零式艦上戦闘機二二型　所属不明

昭和18年のラバウルで撮影された零戦二二型。三菱の工場で迷彩を施した機体のようで濃緑色が均一に塗装されているのがわかる。尾翼に機番号「113」のみ表示されており、胴体に204空の黄帯、582空のクサビ形帯などの標識がなにもないことなどから第251航空隊の所属機とも思える。

日映カメラマンの吉田一氏が撮影した、昭和18年末、ソロモン諸島上空を編隊を組んで飛ぶ零戦二二型は尾翼の部隊記号を「4」としている。この頃ラバウルにいた航空隊は部隊記号を一ケタの数字で表す傾向があり、戦後しばらくの間はそれがどの部隊を現すものか判然としなかったが、その後の調査で「1」「2」「6」が201空の、「9」が204空の所属機であったことがわかった。写真の機体の所属部隊についても、今後の調査が進めばわかるようになるだろう。（©吉田正敏）

〔補遺〕戦地で見られた零戦の塗装

昭和15年末から昭和16年初頭の中国大陸上空を飛ぶ第12航空隊の零戦一一型「3-177」号機。最初に12空へ供給された増加試作機/量産機のうちの1機だが、風防後端が金属張りとなり、排気管もカウリングの下から出るようなオーソドックスなタイプに改修されている。12空の機体にはこのころから胴体に赤帯が追加されるようになった。

同じく12空の零戦一一型「3-112」号機。本機を撮影した別の写真ではその銘板に「型式 十二試艦上戦闘機」「製造番號 三菱第807号機」「製造年月日 0-5-1」と記入されていることがわかり、これは昭和15年5月1日完成の三菱製造第7号機(試作機2機を含めた数字)であることを現している。尾翼には鳶をかたどった撃墜マークが27個記入されている(塗装図P.33参照)。

昭和16年12月8日の開戦以来、第3航空隊とともに破竹の進撃を見せた台南航空隊の零戦二一型「V-117」号機。胴体に2本、尾翼に2本の帯を巻いており、そのうち1本は中隊や小隊を現す標識として所属の全機に記入されるもの。

昭和18年初頭に撮影された第3航空隊の零戦二一型。遠景のため機番号は判読できないが、胴体日の丸には鮮やかに白フチが記入されておりいわゆる中島製二一型の特徴を伝える。この白フチと機体の明灰色の明度の対比が興味深い。

昭和18年半ばのブーゲンビル島ブイン基地で翼を休める第204航空隊の零戦三二型「T2-190」号機。手作業で施された濃緑色の迷彩塗装は褪色の効果も加わって細かなまだら紋様となっている。日の丸には白フチが追加されており、わかりづらいが胴体日の丸後方の胴体には黄色の204空標識が巻かれている。左に駐機する二一型、あるいは二二型の主翼との対比もおもしろい。

こちらも同じ頃、ニューブリテン島のラバウルに駐機する204空の零戦群で、手前の3機は二一型、その奥に並ぶのは三二型か二二型のようだ。各機の上面にはやはり手作業で迷彩を施したあとが見られ、日の丸にはやや太めに白フチが追加されている。

これも昭和18年半ば頃にブイン基地を発進にかかる第582航空隊の零戦群で、手前から3機目の機体には黄色で同隊を現す標識が記入されている。手前の3機は二一型で、その奥に並ぶのは二二型。各機の主翼前縁に記入された敵味方識別帯は視認性を高めるため規定よりもかなり前後幅を広くしてあることが目をひく。

こちらは同じブイン基地に進出してきた第201航空隊の零戦だが時期はもっと下った8〜9月頃のようだ。この頃になると中島や三菱の工場でしっかりと迷彩塗装が施行された機体が供給されるようになり、写真もそうした機体であると思われる。手前と奥の機体（おそらく二二型）は新部隊記号の「2」「6」を付けているが、２機目の零戦二一型は旧記号の「W1」の「W」を消したあとがかすかにわかる。

索引

2.空母飛行機隊の零戦

3.基地航空隊の零戦

4.番号冠称航空隊の零戦

5.特設飛行隊の零戦

6.練習航空隊の零戦

写真提供/資料協力

西澤家
吉田正敏
伊沢保穂
潮書房光人社

参考文献

『日本海軍戦闘機隊 戦歴と航空隊史話』秦 郁彦・伊沢保穂共著/大日本絵画
『日本海軍戦闘機隊2 エース列伝』秦 郁彦・伊沢保穂共著/大日本絵画
『真珠湾攻撃隊 隊員列伝』吉良 敢・吉野泰貴共著/大日本絵画
『増補版 日本海軍航空隊戦場写真集』SA編集部編/大日本絵画
『戦う零戦 隊員たちの写真集』渡辺洋二編著/文藝春秋
『本土防空戦 海軍航空隊編』渡辺洋二著/徳間書店
『航空ファン別冊 日本陸海軍カラー&マーキング』秋本 実著/文林堂
『日本海軍機の塗装とマーキング〔戦闘機編〕』野原 茂著/モデルアート社刊

日本海軍機塗装図ハンドブック〔零戦篇〕

Imperial Japanese Navy aircraft paint scheme Handbook : Zero Fighter

イラスト　二宮茂幸

編集　スケールアヴィエーション編集部
吉野泰貴
松田孝宏

装丁・デザイン　海老原剛志

発行日　2014年10月26日　初版第1刷

発行人　小川光二

発行所　株式会社 大日本絵画
〒101-0054 東京都千代田区神田錦町1丁目7番地
Tel. 03-3294-7861（代表）
URL. http://www.kaiga.co.jp

編集人　市村 弘

企画・編集　株式会社 アートボックス
〒101-0054 東京都千代田区神田錦町1丁目7番地
錦町一丁目ビル4F
Tel. 03-6820-7000（代表）　Fax. 03-5281-8467
URL. http://www.modelkasten.com/

印刷　大日本印刷株式会社

製本　株式会社ブロケード

◎内容に関するお問い合わせ先：03(6820)7000 ㈱アートボックス
◎販売に関するお問い合わせ先：03(3294)7861 ㈱大日本絵画

Publisher: Dainippon Kaiga Co., Ltd.
Kanda Nishiki-cho 1-7, Chiyoda-ku, Tokyo 101-0054 Japan
Phone 81-3-3294-7861
Dainippon Kaiga URL. http://www.kaiga.co.jp.

Editor: ARTBOX Co.,Ltd.
Nishikicho 1-chome bldg., 4th Floor, Kanda Nishiki-cho 1-7, Chiyoda-ku, Tokyo 101-0054 Japan
Phone 81-3-6820-7000
ARTBOX URL: http://www.modelkasten.com/

ISBN 978-4-499-23143-5